U0162210

dress up for the life you want

装扮，为你想要的生活

恩荻——著

电子工业出版社·
Publishing House of Electronics Industry
北京·BEIJING

着装，是一场自我塑造的实验

很多年前，当我还在大学里过着清贫的生活时，对着装的理解非常肤浅——那就是把各种各样服务于美丽的设计穿在身上，它们让女性变得迷人而备受关注，仅此而已。

毕业后我有幸进入形象领域，开始高频率地和女性群体打交道。在投入了大量的时间精力去观察、体验和复盘后，我发现，着装不仅能优化个人形象，而且是一场自我塑造的实验。

詹妮弗·洛佩兹曾经主演过一部电影，2002年的《曼哈顿女佣》。在影片中，她扮演的玛丽莎是豪华的曼哈顿酒店的女服务员。在一次打扫房间时，她被怂恿穿上了一位女顾客的名牌服装，正好被美国政坛中响当当的人物克里斯托弗看到，他误认为她是上流社会的淑女，并与她堕入了情网。当一切真相大白，她的真实身份曝光后，二人发现彼此极不般配，但此刻他们已经爱上了对方。

虽然是灰姑娘的桥段，但是"我通过你能看见的方式，让你看见"，这无疑彰显着服装塑造自我的魔力。

一个女人穿着破旧的裙子，人们记住的是裙子。一个女人穿着优雅的裙子，人们记住的是穿裙子的女人。

——电影《香奈儿秘密情史》

一个人的形象改变了，让人捕捉到的信息也会随之改变。同时，他会不自觉地在行动和表现上去配合新形象的品格，从而发生真正的改变。譬如穿着优雅的旗袍，我们会更在意自己的举止与仪态，远离市井粗鄙；当穿着裁剪精良的西服套装的时候，我们的行动又会更加利落和高效。

所以，通过着装来改变我们的人生，是一件非常靠谱的事情。

如何操作？拿出一张白纸，写下你的人生愿望，然后寻求符合相应素质的服装。

譬如，我在事业上一直都没有很好的进展，我希望寻求一些让我看上去更专业、更成功的衣服；我的异性缘一直不佳，我希望寻求符合我的年纪并且让我看上去温柔迷人的衣服；我平常是一个唯唯诺诺没有主见的人，我希望寻求让我有力量、散发自信的衣服。

对于每一个人来说，无论是开阔新视野，还是开始新恋情，或者是去新的城市、进入新的圈层，又或者是告别家庭主妇的角色重新投身事业，都需要做好十足的准备。

想成为什么样的人，就要从内而外地去成为。

写下这本书的时候，我已经和我的团队见证了超过8000位华人女性的形象改变，这个数字每年还在持续地增长。这已然是一个不算小的女性样本库，它还是一本真正有力量的女性成长录。服装可以帮助女性实现一直珍藏在内心深处的梦想，这个魔法已经在她们身上一一实现。

着装，是一场自我塑造的实验：

一年，它会记录你365天的自我形象输出；

两年三年，它会在你的圈子里形成你的品位风格和生活态度；

五年十年，毫无疑问，它将成为你自我的重要部分。

从今天开始，用心装扮你的人生。

目 录

Contents

PART 1
实用主义着装哲学

PART 2
场景美学

PART 3
色彩美学

PART 4

时令穿衣

PART 5
令人心动的时尚细节

PART 6
时尚的前提

PART 1

实用主义着装哲学

1

/ 时尚并不是灵药

　　我人生中第一次对"时尚"这个词有切身的体验，是在二十几岁，那时我刚刚在一家形象公司做见习形象顾问。有一天下午，我带一位客人去同写字楼的西装定制店做衣服，接待我们的是主理人本人——一位脸庞消瘦、眼线分明、留着和崔姬一样短发的女生。当天她穿了一套白色的、面料硬朗的吸烟装，脚下是一双银色高跟鞋，手里捧着一本装帧考究、金棕色书壳的面料陈列本。整个过程，她都在和我们专业又不失温和地轻声交谈，举手投足间真的好看极了。

　　在此之前，我连萨维尔街都没听过。她却自如地和我们分享哪个面料体感更雍容，哪个花色更有活力，哪个款式最受绅士们欢迎。

"她可真时尚！"我心里暗暗说。

第二次，是在2014年的深冬，那段时间我住在上海。有天早晨，我握着一杯热豆浆快步经过落满梧桐叶的思南路，看到了一个银色头发的法国老太太——那里过去是法租界，往来的法国人最多，姑且就认她是个法国人吧。她从一辆漆黑光亮的轿车上缓缓下来，步履优雅。黑色的茧型羊绒大衣里伸出来两只黑色的羊羔皮手套，黑色的毛呢阔腿裤，黑色的尖头踝靴，一副黑色的大框墨镜遮住了大半张脸——除了头发，这位女士全身上下竟都是黑色的单品，但是面料各异，竟没有半点无聊。

十二月的风已经很冷，但我的眼睛不可救药地一直盯着她的背影，几十秒都没有移开，直到她消失在路口。

这两次经历，都让我印象深刻。那对我来说是一种不可名状的吸引力。最开始我以为她们的时尚只是源于精致时髦的装扮，但很多年后我才慢慢领悟到，除此之外，还有她们身上呈现出来的和服装极其契合的精神状态。对，是一种"可被感知的精神状态"，才让她们看上去那么迷人，这种迷人甚至和长相无关。

追逐时尚的成本太高

每年全世界的女性在服装的花费上都可谓"重磅"——我们无一例外地想把美牢牢地拴在身上,于是那些华丽诱人的新衣服不断地涌进来,进到我们的衣橱里,进到我们的人生中,仿佛支撑起了我们全部的梦想与期待。

大概所有女性都会羡慕时尚博主们的生活吧——她们拥有超大豪华的衣帽间,有数不清的漂亮鞋子和包袋,还有拍不完的好看照片。实际上,我的博主朋友们大部分在真实生活中比较辛苦。其中有一位W小姐,某年去巴黎参加活动,为了一次性拍好两周的素材,她和一个不到一米六的小个子助理拖了四大箱的服饰去机场。两个柔弱的姑娘跌跌撞撞费了半天劲好不容易才上了飞机。

博主们每天的生活就是在社交平台上"炮制"新造型,然而,每个美丽的造型在账号上发布后会瞬间过时。数年积累下来,博主们囤下了一个巨大的"服装仓库",里面落满了灰。

作为普通女性的我们其实和博主们一样,去年因为流行而购入的印花裙，在今年看起来已经蔫蔫的没有了精气神；前年大街小巷都在穿的拼色衬衫，现下看来也索然无味。新一轮的时尚已经开始，旧的服装却不知如何自处。我们的精力和心力一直在外泄，追逐时尚的成本太高，而成本绝对不止在荷包。

我们终究不是蓬帕杜夫人之流，没有一整个凡尔赛官给我们当衣帽间。时尚终究不是灵药，我们的形象生活急需一个全新的着装哲学。

关于实用主义着装哲学

实用主义着装哲学在服装单品的选择上，有一个整体的标准：

单品间互搭性强，适配性高；

审美的耐久性好，可以穿越较长的周期；

整体品质良好；

穿着者的年龄跨度可以很大，7岁到70岁都能穿。

这些单品通常有一个统一的名字：经典款。

经典款，这在时尚界几乎是一个"老态龙钟"的概念了，我也以极高的频率在各种文章和分享中提到它。但很可惜，在国内仍然有许多女性没有足够领会到经典的内核和品格，毕竟简单寡淡的样子比起多变华丽的设计看上去要无趣多了。

消费主义盛行的今天，女性爱美的神经在不断受到蛊惑——设计师和品牌的各式联名款层出不穷，机场被拍到的明星同款漫天飞舞。识别和尊重经典，变得越来越不易。

对于普通女性来说，探寻着装里的真理尤为重要。经典款的时间属性强烈而突出——它和所有穿越时光保留下来的艺术品一样，具有永恒的力量。即便二十多年过去，你穿上它出门依然具有美的品格。如果可以学着管理旺盛的欲望，尝试把经典的款式置于衣橱的基础框架上，我们在未来的形象生活中会活得更松快。

比起永远也追不完的当季新款、更换不殆的橱窗新宠，学会重复利用单品来创造丰富的造型，才是适合大多数女性日常的形象哲学。

然而，有一点非常重要的是，我虽然更倾向让女性的衣橱里以经典款为主导，但并不代表我认为人生就该拒绝时尚。时尚是一种当下的文化表达，是一种充分融合了流行审美的时代性服饰。如果我们在服装上保持对时尚的触觉，便可以持续保持一种兴奋感和活力。拥有探求新鲜事物的欲望永远是抵御衰老的秘籍啊！这个趣味空间必须留存。八分的经典品位，搭上两分的私人风味，刚刚好。

一句话总结实用主义着装哲学——推崇经典，尊重时尚。

2

唤醒你的衣橱能量

回顾截止到现在的人生，我的衣橱经历过两个阶段的形态：二十五岁之前，以黑灰藏青深色系为主，整个服装系统没有逻辑，款式混乱，一遇到点场合就没有衣服穿；二十五岁进入形象美学领域后，色彩慢慢丰富完善起来，到现在，单品比例和谐，组合起来游刃有余，有任何"天降"的派对、聚会、宴请、茶约，5分钟就可以出门。

这两个形态也神奇、精准地对应着我的两段具体的人生状态：

前段的我趋于无序、保守、胆小、不善言辞；

后段的我愈加清晰、开放、自信、享受表达。

通过多年的体验，我得出一个准确无比的结论：衣橱里的的确确住着我们的人生。

要料理好自己的人生，就得料理好自己的形象生活；要料理好自己的形象生活，就得料理好自己的衣橱。这是一个多么丝滑又聪明的逻辑啊！

如果你看到这里，我邀请你现在立刻走到自己的卧室或者衣帽间——打开衣橱，一眼看过去，映入眼帘的景象是混乱的还是整洁的？服装是爆满的还是稀稀拉拉的？是色彩丰富的还是颜色暗淡的？是各种款式齐全的还是被一两种单品"霸屏"的？

基本上一个人的衣橱就是他人生现阶段状况的体现。井然有序的衣橱通常对应着清晰的人生；混乱无序的衣橱往往对应着迷茫的当下。

服装是形象的载体，而衣橱就是服装的家。

老友聚会、家人吃饭、约会伴侣、陪伴孩子、商务谈判、户外郊游、海岛旅行……每个生活场景就像一个剧本，而每个剧本都需要设置不同的服化道。当我们的服装可以轻松满足这些场景的时候，我们的人生就会游刃有余。反之，当我们没有设计好这个幕后"戏服箱"的时候，我们在扮演各路角色时就会很吃力——职场上看上去不够专业，社交时看上去不够有格调，参加派对时看上去不够有趣，约会时看上去不够温柔，谈判时看上去不够有力量，运动时看上去不够健朗……于是局促、笨拙和无所适从就出现了，时间一久，整个人生的质量可想而知。

对于每一位女性来说，唤醒衣橱的能量，就是唤醒自己生活的能量。

重新唤醒衣橱

第1步，评估目前衣橱的能量。

标准很简单——当下的服装是否能够很好地服务当下的自己：衣服是否契合当下的身材？是否能彰显职业属性？是否符合年龄？是否符合身份？是否适合自己生活的各类场景？是否可以打造出自己想要的样子？

第2步，审视自己的人生意愿。

选择一个安静的晚上，慎重地思考这几个问题——想成为什么样的人？想从事什么样的工作？想加入什么样的圈子？想向外呈现什么样的品位和风貌？想做出哪些改变？怎样的人生才符合自己的期待？

第3步，配合行动校准。

依据上两步，我们便有机会对准彼岸，来获得有效的行动指南。服装要改，我们的行动也要匹配着做改变，这样出来的新形象才是真正令人期待的。

问问自己，生活中的哪些行为改变可以有利于实现你的人生意愿？譬如你在自己的衣橱中看到了保守、停滞与孤僻，期待在下一个人生阶段打开自己，你就可以着手——参与社交活动，加入线上社群，参加沙龙，或者加入美学花园，和元气满满的女性共同进化；譬如你在自己的衣橱中看到了单一的温柔、纤弱，期待更有力量和勇气，你就可以制订一系列运动计划——参加citywalk，尝试更热血的运动项目，如攀岩、搏击和骑行。只有在身体里同步"长"出这些特质，呈现出来的造型才不是虚假的"凹造型"，而是真实的、有质感的。

第4步，购入经典的款式作为衣橱的基础框架。

这并不意味着，一个高效实用的衣橱就是一个单调的衣橱，它会发挥它的工具性作用，为任何场合提供周到的服务。越简单的单品，越像一张白纸，万景可描。在每年更迭的时尚里，女性需要有识别"隽永"的能力。

和厨房一样，经典款就是最基础的油盐酱醋。如果以后想做法餐，你可能还会买罗勒叶、鼠尾草；做意餐，会买黑胡椒、芝士；做日料，会买芥末和味噌。这些都是你稳定了自己的着装核心，发散风格以后要做的事情。

第5步，对照第一步，在第四步的基础上，看看目前的衣橱是不是满足了终极梦想。

根据自己的经济条件逐渐进行适当的清理或者查漏补缺。

第6步，认真做好周期性评估。

我们需要每两年就重复这一整套流程，有的人周期更短，一年甚至半年就需要再次审视和优化。人们每天都在变——每天遇到的人不一样，接触到的资讯也不一样，每个人以飞快的速度在这个日新月异的时代里更新，人生目标也随着际遇在实时地更新和改变。一定记住，及时地审视和调整衣橱，会让我们离想要的人生更近。

3

优雅并非终极目标，精致也不是

那些关于优雅的观点

"女人就应该活得优雅。"

"我们要像巴黎女人那样优雅！"

"40岁以后女性就应该归于优雅。"

我们虽然身处于一个充斥着各类价值观的世界，但在一个女性意识萌发不久的时代里，有一些观念显得些许固执和腐朽。"优雅"这个富有魔力的词，就曾一度成为我的牢笼——着装上的，行为上的。在这里，我们不讨论"优雅"广阔丰富的外延，不做深度的引申，我们只聊聊这个词展现在世人面前最普世直接的意味。

我和很多女性一样被灌输——低饱和度的色彩更耐品，过膝的裙子更得体，低调的配饰更有腔调……随之而来的女性的行为守则也一并匹配：懂得餐桌礼仪，懂得欣赏名画，懂得鉴赏珠宝，懂得……不能疯狂，不能大声说话，不能张扬，不能……

在成为形象顾问最初的那几年，"优雅"成为我的职业信条。我深信不疑地把我的客户都陆续引导到这条道路上。不能不说，那是我极其狭隘的人生阶段。

后面接触了越来越多的女性，她们样貌迥异，风格不一。有热烈如酒的，有清淡如茶的，有冷冽如霜的……着装上也是有浓有淡，有繁有简，但都一致地好看。由此我的人生观和穿衣观一并扩张，后面又因为持续学习服装史，研习艺术流派，审美被彻底打开，从此我走向了一个无比开阔自由的领地。

我觉得，花园，是最符合女性生命景观的象征。

那里植物众多且形态各异。野百合、黑醋栗、豆蔻、玫瑰……只要我们愿意，我们可以长成任何一株植物的样子。

花开时期又各有不同，好像不同的女性在不同时刻迸发美好的生命力。花园四时皆不同，随着人生际遇的推进，每个人都会呈现不同时期的质感和风貌。

美，不是玫瑰或者百合的样子，它该是一座花园。

优雅只是众多女性生命素质中的一个选择而已，断断不能成为唯一的选择，更不是唯一的终点。

那些关于精致的守则

"女人就应该从头到脚都精致。"
"女人要精致地过完一生。"

精致，是一种积极的生活态度和方式。它的对立面是粗糙、将就和放任。但是，关于精致的价值观传播得越多，就会有越多人把它变形地践行，使其成为"过度精致"。

形象上的"过度精致"指的是，一个人在服饰造型上呈现出了大大高于其他生活品质的讲究，或者不合时宜的讲究。

皇室贵胄，用牛奶、玫瑰花瓣入浴，以金箔纸佐餐，每天听御用乐队演奏——塔尖圈层本身就很精致，在服饰上就会顺理成章地极其讲究，为他们服务的裁缝都是顶尖的时装家。那些繁复华丽的宫廷服饰，都是建立在一体的奢华生活上的。

然而，很多女生在形象生活上过度讲究，譬如一定要穿高级的面料，凡化妆必戴假睫毛，经常去一些能力之外/非自己生活场景的地方。这已经不是精致，而是矫饰了。

我每年去爬山或者参加户外运动的时候，一定会看到穿着洋装或者旗袍、踩着高跟鞋的女士，她们明显行动受限、姿态笨拙，但又在意识上极其自洽。

形象最终是要回归到生活中去的。服装是自我的延伸，在形象管理的过程中，自己的生活方式、身份、具体的场景都要考虑进去。

日本推出过一部短纪录片，《7位一起生活的单身女人》。7位女性，年龄跨度从71岁到83岁，6个终生未婚，1个离异单身。

10年前，她们购买了同一幢公寓的7个单间，组成养老姐妹团。樱花季一起旅行，节假日一起看烟花，一同在公寓的公共空间喝下午茶。七八十岁的老奶奶们戴上心爱的珠宝首饰，在一起谈笑风生。她们还参加朗读社，去咖啡馆写作，学习使用电脑。她们中的一位，安田和子说，希望人生每一天都有意义，死后墓碑上只有一句话：啊，真有趣啊！

她们的生活并不一定指向优雅，甚至不指向精致。但是，用心感受、探索自己，活出自己的趣味才是真正的人生体验，不是吗？

无论面对优雅还是精致，或者其他的风格指南，我们都需要清醒地吸收，甚至抛弃一些概念，抛弃一些观点，把所有向外的注意力都收回——关注自身，才能真正投入有着无限可能的着装体验。

PART 2

场景美学

1 /

/ 今天拿到什么角色

每天站在衣橱面前怀疑人生，属实是一件辛苦的事情。

"今天穿什么？"成为很多现代人头疼的daily problem。但是如果从今天开始，我们把自己置身于一个年代大戏里，以一个领衔演员的身份开启每天的剧情，搜索和设计属于当天的服化道，不能不说是一件令人期待且富有创造性的事情。

很多人穿衣比较随心所欲，觉得我怎么穿都行。的确，当下是一个主张释放个性的时代，媒体每天都在呼吁穿衣自由。但是，如果你期待自己的着装发挥好社交功能，那么就要充分考虑它背后的形象逻辑，特别要注意人文层面的考量。只要多一份敏感和思考，结果就会很不一样。

什么时候该穿什么风格的衣服，什么场合不该穿什么衣服——国际上公认的着装原则：TPO（Time，Place，Occasion）原则，清晰地指向时间、地点、场合这三个要素。

而一般大家只能掌握一些粗略的着装原则，譬如去健身跑步穿运动服、上班穿职业装、约会穿裙子等。

但是很多场景有细微区别，甚至因为特殊缘由，有很多复杂的元素交织在里面。特别是在场景里人群调性改变的时候，拿捏服装的细节是很挑战一个人的社交敏感度的。

举一些负面例子。

去参加一个教育活动，面对一群学者和高知分子，浑身名牌傍身；在一个户外活动中，面对一群健身爱好者，穿得异常精致板正；去拜访老年女性，穿得花里胡哨，娇俏无比；去做公益活动，面对弱势贫困群体，穿得富贵华丽。

在着装上对具体场景的把控是一种阅历的体现。把着装合理地发挥在对的时间、对的地点、对的人身上，才是让自己和他人都舒适的最佳选择。

这里我为你的每日着装，提供一份经典的"角色剖析15问"：

1. 今天我是谁？

2. 主要扮演职业角色、伴侣角色、家庭角色，还是其他社会角色？

3. 我要出现在怎样的一个场合？

4. 关键场景是在白天还是在夜间？在室内还是在户外？

5. 今天是否需要较长时间的站立或步行？

6. 这个场景是否有清晰的dresscode？

7. 在这个场景中我的身份和作用是什么？

8. 我要保持什么态度或完成什么情绪的表达？

9. 这个场景中是否存在对我重要的人？

10. 我期待在他/她面前呈现出什么样的特质？

11. 他/她也许会期待我呈现出什么样的特质？

12. 现在处于什么季节？

13. 今天的气温如何？

14. 我是否需要使用香水来烘托今天的氛围？

15. 是否还有其他需要我的服装配合和注意的细节？

人生如戏，这部戏的名字叫"为想要的生活而装扮"。

2

旅者衣箱

旅行、出差，这是一个对实用度要求很高的服装场景。

女性差旅和男性最大的区别是，更需要实现一些穿着的美感与格调。我们设计搭配的目的和逻辑是为自己创造一个基本的条件，在这个条件下尽可能地实现这次差旅的目的。因此，搭配应该在舒适的前提下，实现一些"少量的"精致，包括发型、化妆，都可以做减法。当然，我们完全可以花些时间再设计一下行李箱，为自己接下来的异地生活创造一个好心情。

带一条牛仔裤。
一条妥帖的牛仔裤可以带你去世界的任何地方。

带一件柔软的条纹T恤。

它可以和你带的任何外套无缝衔接。

带一件略宽松的白衬衫。

无论商务场景还是街头造型，它都是造型利器。

带一件短外套，我自己喜欢带黑色西装外套。

实用且百搭。

带一顶你心爱的帽子。

戴上帽子的那一刻，所有照片里的你，都成了有剧情的女人。

带一件风衣。

在陌生的城市街头，所有的安全感都是风衣给的。

带一条版型出色的小黑裙。

加上华丽的项链，便可以应对夜间的社交派对。

带一把雨伞。

无论太阳天还是不请自来的雨天，都能从容应对。

带一双小白鞋。

和你的所有造型无缝衔接。

带一双低跟小皮鞋。

如果有较正式的会面安排，皮鞋是更懂礼貌的选择。

带一块手表。

时间观念在出行的场景里的需求会无限放大。

带一副好看的墨镜。

不仅帮你遮挡刺眼的紫外线，还能随时掩护你疲惫的脸色。

带一套舒适的睡衣。

酒店的床榻本就陌生，自己的睡衣会有本人的熟悉气息。安眠可是差旅中重要的课题。

如果你选择在春夏季出行，我还会推荐你带一双磨合得很好的拖鞋，譬如勃肯拖鞋。因为长时间的旅行，需要较长时间的站立和行走，脚会水肿，对比硬质地的帆布鞋和皮鞋，拖鞋有更大的余地和弹性来适应你双脚的变化，舒适感会更强。

如果你选择在秋冬出行，或者去往更北的城市，行李箱里还需要一件轻型羽绒服，大概可以揉成一个水杯大小。

去一个城市出差或者旅行，除了计划中的地点，一定还要去这个城市的咖啡馆——不是那种主街上连锁品牌的咖啡店，通常它在一个名不见经传的陋巷胡同里，藏匿着你不知道的风情。选址在这种僻静深幽的地方的小店，老板一般都是文艺至上的人，拥有着无一例外的精品思维，店铺宣传都是靠着熟人之间的口口相传，而咖啡的风味也大多达到了服务行家的水平。

咖啡这种神奇饮品可以刺激交感神经，刺激我们去思考、交谈、阅读、写作或工作。所以，我总会携带一本我最近在看的书，如果实在忘记带了，也会在候机的时候，在机场书店快速筛选一本合眼缘的。

坐在咖啡馆里，每个穿戴有氛围感的女人都会被当作作家。

风衣、条纹T恤、牛仔裤、小白鞋——这是我出差时出镜率最高的一个造型。

当然，你也可以拥有你的。

3

Office Lady

我儿子4岁的时候，我和他爸爸开始帮他物色美术老师。最开始我们去见了两个老师，都是女生。

两个老师在着装风格上是完全不一样的。

第一个老师给我的印象很深。她当天戴了一条银制的十字架项链，有一丝哥特的气息，着装以灰黑色牛仔为主，混搭了一些布料，整个人的穿衣风格与城市流浪者、涂鸦画师的感觉很类似，她本人的眼妆也非常有个性。我们那次聊得很开心，她还对孩子表现出来的感官能力提出了自己个性化的分析和建议。

第二个老师让我感觉比较普通。她当天的穿着跟日常逛街的女生没有太大区别，整体虽然很有亲和力，但更偏向幼儿园老师的感觉。也许这种温柔的穿着会对低龄的孩子更友好吧，但是没有在第一时间击中我。

我觉得艺术类的老师，一定得有自己的审美个性、审美想法。穿衣是品位与生活方式的延伸，所以艺术老师在形象上的表达也应该是有个性的、有创意的、有辨识度的，哪怕样式简单，也会在细节中展现乾坤。这样教出来、启发出来的孩子就不会是中规中矩的、没有个性的。艺术学习是一场充沛的、感性的大脑活动，比起一个循规蹈矩的老师，我更愿意选择一个有点疯狂的画匠来教我的孩子。

我当时的第一选择是第一个老师，但是出于住家距离的考虑，勉强选了第二个老师。后来慢慢发现第二个老师其实专业素质也不错，但真的就是因为建立的第一印象没有第一个老师那么好，所以差点没有选择她。之后我和她打了几次交道，发现这个老师日常的着装其实也很有自己的风味，恰巧就是我们第一次见面那天她穿得很随意。

看，职业造型多么重要！

艺术类职业算是一个小众的职业门类。更多的日常职场存在于更广泛的社会企业里。

无论什么职业，都存在一个核心的着装心法：你的形象，需要符合大众群体对这个职业的期待。你需要清楚地知道你的行业的核心特质是什么，然后根据社会对这个行业的理解，认真地设计和管理你的着装。

一般来说，和金钱或人生要事的关系越紧密的职业，就越需要穿得节制和保守，比如律师、会计师、审计师、理财规划师等。这些职业需要给客户建立高度信任感，所以必然不能穿得太浮夸，不能有太多个人发挥，穿得越保守反而越能凸显专业的素质。应对这些业务场景，只需要一套低调妥帖的西装套装就能胜任。记得，一定要合身。

在国内，大部分时候，职业女性都不需要严阵以待全副武装，因为严格正式的商务场合并不多，并且大多数时候，职业套装虽然看上去简单安全，但是也容易陷入无聊而显得老气横秋。大学毕业后，我回长沙参加第一次面试，因为穿了一身成熟的黑西装套装搭配白衬衫，输给了一个资历和我差不多的女生。和我不同的是，她当天穿的是一件鹅黄色的青果领西装，并且有一个随时绽放的温暖笑容。人力资源负责人和我说："很遗憾，你们都很优秀，但她看上去更像一个元气满满的新人。"

职业套装的确太僵硬，但是随意的装扮又不利于进入工作状态，也不利于团队协作。特别是选择从头到脚的女性装扮，最直接的后果就是：工作搭档会认为你感性有余，理性不足；客户会认为你不够专业，不足以信赖。所以人们一直在着装上寻找一种平衡的可能——保留职业感的同时，又能呈现出一种游刃有余的形象弹性。

解法也很简单：套装拆分来穿。通常用西装外套搭配异色的裤装或者半裙。

女性需要在职场上保留一定的中性轮廓，这是体现逻辑与工作能力的视觉要素。那如何适当保留女性的特质呢？运用感性色彩即可，譬如玫瑰粉，或者香槟色。

通常这种感性色彩的挑选也需要符合自己的职业特点。

学校老师用米色、卡其色来加持文化感，律师用蓝色来彰显理性与专业度，销售人员用黄色、绿色来增加亲和力，企业高管用金色、珠光色来呈现高级感和身份感；创意工作者用丰富或者有个性的配色来呈现自己的趣味。

最后，需要特别讨论的一个问题是：西装是最受欢迎的职场单品，但同样是西装，为什么有人穿得像陆家嘴的金融精英，而有人却穿得像三流公司的推销员？

除了剪裁和质感，色彩和配饰是最重要的原因。

白色、卡其色西装外套比起高频出现的藏青色、黑色西装外套，没有那么强的压迫感和力量感，包容和优雅的色调会帮你营造更多亲和力。

如果你不想更换西装的颜色，仅仅改变工装衬衫的版型——用blouse（女士衬衫）代替shirt（商务衬衫）就可以解锁新形象。譬如一件绿色或者棕色的波点真丝衬衫，就会营造不错的复古品位；如果你实在喜欢更随性的装扮，直接用白T恤替代衬衫也是不错的方案。另外，强烈推荐你为自己选购一条好看的白裤子，它比任何裤子都来得出其不意又高雅非常。最后，在这基础上，配合精致的珍珠或金属配饰点缀，这个造型就非常完美了。

祝女士们都能在职场上风生水起。

4

真爱至上

和伴侣相处，无论约会还是用餐，出游还是看电影，或者在五星酒店一起度过一年一次的结婚周年日……这个类型的场合无比重要，因为会帮助我们通向更好的两性关系和亲密体验。

某天，我给自己过去多年的"约会形象"做了一次复盘。通过搜索大脑的记忆和回顾部分照片素材，我惊讶地发现，我在这个领域的功课真的是晚成的——和先生相处的时候，大部分时间我都在自顾自地表达自己：想穿牛仔裤就穿牛仔裤，想穿皮夹克就穿皮夹克，并没有塑造出一个女性"真爱至上时刻"的核心。

真爱至上时刻，在形象上是属于女性气质的释放时间。

关节是女人最迷人的位置。锁骨、手腕、脚踝，这些位置的裸露或者装点都可以很好地提升女性魅力。

除此之外，脖颈是女性阴性气质的延伸。芭蕾舞演员都有着漂亮的颈部曲线——戏剧片《中央舞台》里，女演员们挺拔的颈部曲线让她们看上去高贵又矜持；张曼玉在《花样年华》里穿着的旗袍的领子，是被香港老师傅刻意加高的，这个特别的设计让倚在窗边的苏丽珍立刻多了一份慵懒的曼妙。如果你的颈部条件优越的话，可以穿着高领服饰来凸显迷人的线条；即便你没有纤长的脖子，也可以用精致的丝巾或者锁骨项链来点缀。

和异性相处，色彩的选择非常关键。

在所有色彩中，除了红色和紫色，其他色彩在高饱和度状态时都容易产生和男性竞争的视觉情绪。所以不要大范围地把你以为好看的绚丽色彩穿在身上，你眼里的惊艳在他眼里或许就是强势与咄咄逼人。在柔情蜜意的场景里，柔和的色调永远是最受欢迎的。

约会要重视白色。特别是成熟女性，尤其要避开一些沉闷的色调，黑色、灰色这些色彩会让人觉得气氛沉闷。反之，如果穿一条干净柔顺的白色连衣裙，云朵般出现在对方眼前，就能呈现出初恋般的洁净气息。记住，只要有白色单品的参与，当天的造型就会立住清爽的基调。

我们会和伴侣去很多地方。每个具体地方的着装要点都不一样。

游乐场。

你可以穿一条舒适宽松的裤子，上身搭配一件漂亮的休闲衬衫就好，最好不要搭 T 恤，那样的造型太像你在你家附近遛狗买菜了。高跟鞋就算了，运动鞋、板鞋都会更合适。身材娇小的女性可以穿一双舒服的厚底鞋，既能偷偷拉高比例，还能没有负担地长距离行走。

电影院。

这是增进感情和促进关系的浪漫时机。这个时候，你可以稍微穿得女性化一些，最好是穿裙子，淡淡色彩的长裙就很好，不影响他人的视觉，还能显得很有氛围。

高级餐厅。

西装外套、衬衫、裙装、耳钉是永远不出错的组合。服装不能上下都短，场合很优雅，所以也请女士们控制好优雅的露肤度。

Citywalk。

压马路是情侣间很随意的相伴活动，所以着装也要配合随性和舒适，千万不要过于精致和华丽。日落以后，也许你们牵着手会逛到路边的热闹夜市或者大排档去，为了融入这样接地气的场景，务必在造型上更亲民和自然一些。

户外。

好看的运动服装是最适宜的，同时，在两性互动中经营"独特感"真的很重要！可以运用一些特别的颜色配合混搭裙装，譬如湖水蓝、牛油果绿、香芋紫、柠檬黄，这样会面的时候他可以很快地看到你，而且觉得你是独一无二的。

情侣约会的关键词在每个情感阶段都不一样，但是活力、清新、美好、优雅是通用的形象表达核心。如果是初次见面，你要把握好与陌生人第一次见面美好的尺度；如果是相识多年，在纪念日那天，你可以选择不一样的配色或造型，为对方展现自己的隐藏风格。

当下我们也许没有爱人，却需要保持可以"随时进入爱情"的状态。除了"令人怦然心动"的穿衣法则，鲜活而有生气的体质，永远是吸引真爱的本钱。

5

派对动物

我有一个漂亮的女友,她结婚十来年,有了孩子之后,便再也没有了出去聚会、参加派对的时光。她让渡了自己的时间给家庭,也慢慢让渡了自我,整个人不再光彩照人。

派对精神,在每一个时代都非常重要。在每个人生阶段也非常重要。在萎靡的生活阶段里尤其重要。因为是生活,不是生存啊。

其他所有的日常场景里,我们都在试图扮演某一个角色:妈妈、职员、淑女,这些角色都和别人有关。只有在派对这个场景里,我们可以充分做自己。

参加派对的原则是:舒适至上。这种舒适来源于服装本身的舒适，更来自当事人精神上的自由——不再需要为特定的场合、特定的角色牺牲自己的喜好。

每年一进入十月，我整个人就开始兴奋起来。秋冬季节从来都是经典派对的黄金时期。从万圣节到感恩节、圣诞节、跨年夜、元旦、新年……密集的节日串起了寒冷日子里的浪漫与欢乐，一切都变得充满期待。

多年的时尚杂志反复教了我们好多次——如何只用一件小黑裙来实现多样的酒会造型、夜店造型。但是很明显的，这件优雅的单品已经不足以满足当今社交媒体下人们的着装期待了。

那么派对造型，我们还可以从哪里汲取灵感呢？

派对场景是一个隆重的、区别于日常的特殊场景。既要足够的隆重，又要区别于日常，你想到了什么？

没错，就是年代复古造型。这些造型活跃在过去的时光里，当然可以区别于现代日常的穿着，而旧时光的服饰通常繁复又多层次，特别符合派对的隆重度。

借鉴1920至1930年代造型。

一战结束后，人们希望尽快摆脱战时的痛苦记忆，便倾城投入了纸醉金迷的享乐时代。与其说是享乐时代，不如说是大家害怕美好的时光转瞬即逝，恐慌极了，要抓住幻宴一场。

电影《了不起的盖茨比》就是最好的穿着示范。影片中出现的华贵的面料，闪亮的流苏、亮片，昂贵的珠宝都是代表。战后的人们企图通过把最华丽的梦都穿在身上来忘却战争的痛苦：钟形帽、直线条廓形裙装、优雅套裙、亮片、流苏、羽毛装饰、夸张首饰，波波头、鬈发、深邃眼妆——随便抓取几个元素，就可以帮助你完成一个优雅又闪亮的派对造型。

借鉴1960年代造型。

这是追求自由与个性的年代，圣·罗兰先生的吸烟装和"蒙德里安"短裙在当时成为新经典。很多新思想、艺术、文化思潮都在这个时候形成，波普艺术和摇滚乐都在这个时代诞生。

在全新的风气影响下，时装界开启了叛逆的风潮，譬如Mary Quant掀起了直线条迷你裙的风潮。超短裙、中跟鞋、方形手袋、摇摆靴，这些经典的单品都有潜力成为派对的独特风景。

借鉴1970年代造型。

这个时代，美国的嬉皮士文化盛极一时，追求自由和反叛的声音继续发酵。夸张的阔腿裤、民族风的印第安式流苏、波希米亚长裙开始流行。同时，英国朋克风开始兴起，时装变成通俗艺术，只为对抗主流社会的审美，彰显激进、低俗、邋遢——廉价皮衣、马靴、内衣外穿、无指手套、骷髅配饰、喇叭裤、松糕鞋、高腰连衣裙。把这些元素大胆地用到夜间派对中，你绝对会成为全场目光的焦点。

我们几乎可以在每一个年代里都找到当时流行的单品和元素。但是针对派对造型的灵感参考，在近一百年中我只筛选了上面这几个年代，虽然其他年代也涌现了很多经典，但都不及这几个阶段来得狂欢与尽兴，不够个性与自由。

派对造型的核心秘籍就是：放大风格，解放天性。

祝你我都能在一次次派对中，保藏自由的生命力。借由一次次热烈的狂欢造型，一次次对话自我、回归自我，不断开启属于我们人生新的年份。

6 /

/ 何不去看展

最近几年，我身边频繁参加艺术活动的女性越来越多了。果真是物质过剩的时代，精神追求就开始浮出水面了。

听音乐会需要穿着洋装精心打扮，看艺术展也需要匹配得宜的装扮。

无论美术馆还是博物馆，都是汇聚人类艺术之光的殿堂。

所以，无论摄影展、画展、灯光展还是装置艺术展，我们进到这个空间，应该充分表达对艺术家和艺术品的尊重，为此便需要完成着装上的仪式感。

如果奔着正式去穿西装套装，会被大概率误认为是馆方工作人员；如果奔着隆重去穿礼服，对于日常展览而言太过正式；如果自诩呼应艺术家的随意，穿着短裤拖鞋，恐怕会被保安挡在门外。

那我们应该如何表达呢？

去融入，而不是凸显。努力成为这个空间里和艺术品们同呼吸的元素。

色彩是最要紧的事情。

白色、大地色及浅色系会是很不错的选择。强烈的高饱和度色，容易让你成为一个流动的噪点，影响整个展的调性。每年各品牌的国际大秀上，超模们在T台上展示着顶级斑斓的设计，而台下富豪名媛们和杂志主编们都会清一色穿黑白灰，其中又以黑色居多，这是真正的不喧宾夺主的分寸。当然，你也可以穿得高调，前提是这份高调是为了配合这个展览的风格。穿着橘色波点去看草间弥生的展无可厚非，因为风格呼应是最省事的方案。

看展是体力活，在同一空间里至少停留一到两小时，巴塞尔大展甚至要逛上好几天，精神疲劳，体力透支。所以在鞋品的选择上，帆布鞋、平底鞋、平底靴、牛津鞋、乐福鞋都不错。布包或者低调且有质感的皮包会更妥帖。包要贴身，如果是链条包，得贴身保管好，避免晃来晃去碰到展品。

另外，贝雷帽、宽檐礼帽的加入会让你看上去更有艺术风格。

在去赴一场心爱的展之前，我们还需要知道几件重要的事情：

首先，要提前做功课，才会有更多和艺术产生共鸣的契机；

其次，不要随意触摸展品；

最后，不要单纯为了社交账号的分享而拍照。

对了，看展后别忘了去喝一杯咖啡。美术馆周围的咖啡馆总是值得期待的。咖啡馆文化是西方人文传统的历史文化之一。写下卷帙浩繁的《人间喜剧》的巴尔扎克，一生喝了五万杯咖啡。国内目前展览资源最好的城市是上海，上海是海派文化，所以咖啡馆文化很浓厚，大街小巷开店的密度很高。点上一杯精品咖啡，坐在窗边看着进进出出的各色游客，很是放松身心，这也算是一个延伸的文化体验吧。

经常有女生问我，如何让自己的形象质感再上一个台阶？

最好的日常练习是，开始接触并逐渐热爱艺术，把生命中很大部分时间放在艺术的体验中。优质的体验是最养人的。艺术体验会催化一个女性内心深处的情感与智慧，从而强化她的审美，改变她的思考方式与看世界的角度。这个过程会赋予女性非常珍贵的文艺质感，让美的呈现不再肤浅。

实际上，我们终生要打造的一件最珍贵的艺术品，就是自己。这个过程需要我们真实敏锐地去生活、去体验、去游历，如制作陶器般从揉泥、上釉到烧造，最后成为一个真正的有血有肉的生动作品。

7

淑女去野

"去野"，近些年很时髦的一个生活概念。"野"可以是一个名词：野外，旷野，荒僻之地；"野"也可以是一个动词：撒野、放逐自己。总之，"去野"这个词在我听来有一种返璞归真的朴人心境。

我成年后有过很多户外经历，和家人登山溯溪，和友人郊游野餐，但对我而言，那都不算纯正的去野。我内心真正认证的"去野时光"，是在我13岁之前，生活在湘西的山林回忆。

那里的山没有人工铺就的路与阶梯，全是一地羊粪蛋和苔藓丛生的野路。野路是由山里的牧羊人或者樵夫们常年走出来的，路两旁长满了紫紫绿绿的蕨类植物和鲜红欲滴的甜美覆盆子。泥土常年都是湿漉漉的，走起来很容易打滑，没有点原始的乡野功夫是爬不上山的。

那个时候，去野的人群中，没人画着精致的妆面来拍照留念，更没人携带手机时时心系红尘，甚至没人身揣加工食品和零食，所有吃食皆来自天赐——水里的鱼虾螺鳝，林间的野菜菌菇，最是鲜美不过，口渴的时候用手掬一捧清凉甘甜的山泉，三两下入喉，畅快极了。

真正的去野，是卸下身份、地位、关系、利益这一切繁杂的人间负担，只揣一颗虔诚的空旷之心，向着户外山野进发。对于现代人来说，去野是一种心灵治愈方式——它让我们有机会摆脱城市的种种生存标准，去大自然中释放自己，看见自己内心真正的需求，并让我们有机会重新发现人与世界、人与人之间的联系。

现代生活让很多人失去了粗犷本真的生命状态。绅士淑女，锦衣玉食，礼仪周全……大家都困在一个精致的牢笼里动弹不得。

淑女当然也要去野。因为我们不是金丝雀啊。

去野，意味着我们甘愿放弃那些精致的行头，短暂地卸下城市人格，真正没有负担地享受与山林荒郊的亲密接触。这是一种自然又愉悦的生命状态。

在这个场景中，我们的形象要满足功能性和美学性两个价值点。

许多人喜欢穿着鲜艳的色彩去户外。以我的建议，如果不是进行一些风险性的运动，譬如攀岩、溯溪，大家尽可能选择一些以棕色、黑色、灰色、苔绿色等具有"隐形"效果的造型，就像丛林里那些智慧机敏的变色昆虫般，仿佛可以在山林中随时隐退。色彩上做到不叨扰自然，还会在形象上带来一个极好的自我暗示——此刻我是在山野中。

去野外，注意不要把针织类单品穿在外面，更不要把羊绒、真丝这种华丽脆弱的外套穿在身上。简简单单的牛仔外套、工装外套就很好，如果想再多点腔调，猎装夹克会是不错的选择。如果你喜欢轻便或者想带点青春质感，就干脆穿条背带裤吧。

山野场景适合多层次感穿搭，外套上、马甲上、长裤上都多来几个功能性的口袋——遇到露营、野餐、爬山，这些日常的装饰性设计，马上就会变得实用起来。

内搭条纹或格纹衬衫，造型就会非常利落。如果还想保留一点女性气质，就把柔软的雪纺或针织衫穿在硬挺的外套里面。

别为了拍照好看就穿裙子。如果期待没有顾忌地享受与大自然的互动，自我防护是绝对要考虑进去的。行走在山林中，要随时避免被旁逸斜出的树枝荆棘划伤。耐磨材质的长裤是必备的。

我们一定会有机会踩到一些自然的土壤，也会碰到一些坚硬的岩石，所以我推荐你穿一双深色的运动鞋或者帆布鞋。平底靴也很不错，黑色、棕色、土黄色的马丁靴，都很实用且够味道。

和大自然相处，会有烈日，也会有山风，于是帽子成了顺理成章的单品。除了休闲的渔夫帽、鸭舌帽，一顶有质感的宽檐帽也可以在山野中增添自由的气息。

耳环就别戴了吧，丁零当啷的，搞不好就被藤蔓缠住。实在要戴，别戴悬垂的耳饰，选择简洁小巧的耳钉，点到为止。如果要化妆，推荐轻色彩、重结构的画法，保持眉眼清晰就行。

好了，要点就这么多。

淑女们，别总是在城市里端着，去野，记得我们也是生灵。

8 /

/ 老友下午茶

我觉得好的朋友分三种：一种是"太阳型朋友"，他们在事业或者个人生活中闪闪发光，充满热情与能量，即便不与你多往来，也能以自身磁场持续为你提供热血和燃料；第二种是"植物型朋友"，他们大多有自己稳定的生活秩序，怡然自乐，情绪总是愉悦而稳定，与他们接触，时时刻刻都能获得滋养；还有一种是"容器型朋友"，他们未必成功，未必活得有滋有味，但是足够理解你的处境，包容你的戾气、狂妄与脆弱，支持你的梦想与追求。

无论是以上哪一种朋友，只要和对的朋友在一起，你的气血就是充足的，精神就是放松的。那么去见他们吧，那绝对是一个值得期待的场景——选一处有灵动树影的长桌旁就座，一起喝杯咖啡，吃点生巧和饼干，聊聊最近发生的好事坏事，想想就很美好啊！

与老友一起小聚饮茶，这个时候是最放松舒适的。女士们完全不必要考虑孩子与伴侣，只需要静下来回归自己，享受此刻的生活。

基于这样的场景设定，一个完美的下午茶造型无疑会锦上添花。

整个形象需要满足两个标准。

第一是不能过分随意。因为不是闲居在家，而是在外会友，即便彼此熟络，这也是属于小型社交的场景——因为这个空间里除了你，还有其他人。当你一人先到咖啡馆的时候，坐下来点一杯喜欢的手冲，看看人来人往，此时此刻你本身就是这幅美妙画面中的一部分，可千万别让邋遢的衣服坏了意境。

第二要舒适。不要像去上班或者见客户一样，穿着西装套装配高跟鞋赴约。舒适是最终的目的，能让你真正感觉放松的衣服才是最好的，板正的廓形和过于修身的设计总会让我们的身体无法真正地松弛下来。

所以，兼顾时髦和舒适的衣服，是最佳之选。

在服装风格的选择上，没有特别限定。老友们在一起，做自己就好。

裙装是很有淑女气质的单品，是下午茶首选，长裙更有风味。冬天的风雪吹起时，你换上一条灰色的羊毛长裙，裹上漂亮的大衣，一头扎进温暖明亮的小酒馆，真的很有镜头感哪！

温柔的针织衫、舒适的牛仔单品、精致又自在的乐福鞋，都会加持你的慵懒感。

摩登有型的金属配饰、好看的帽子、复古的印花T恤、不容易撞款的造型外套，会增加你的时尚感。

如果是约在蒙田大道街角的咖啡馆，那又会马上产生新的造型灵感：穿着一条漂亮的蓝色丝绒外套，内搭一件精美绝伦的宫廷衬衫，别上一枚有故事的古董胸针，坐在被柔和灯光营造出温暖氛围的红色天鹅绒座椅上，等待一场经年友情的再度重逢。

新的一年总会不期而至，你有想见的人吗？嗯，我指的是老朋友。

PART 3

色彩美学

1/

/ 你的底色是什么颜色

这些年，我看过不少时尚杂志和服装评论，也见过诸多媒体配合各大品牌炮制的各种各样的时兴单品和搭配，但是鲜少有人会把着装当作深入自我世界的一种工具和方式。

色彩是服装的第一要素。

它有冷暖之分。冷色如夏日泳池旁鸡尾酒的颜色，如情人节礼盒袋子的蒂芙尼蓝，如明朝宣德时期最好看的青花瓷上的纹饰蓝；暖色如秋日里托斯卡纳的艳阳金，如弗拉门戈舞者头上丝绸玫瑰的鲜红，如宋代皇家宫苑里随处装点的琉璃瓦黄。

它有不同色相之分。简单地说，霓虹的赤橙黄绿青蓝紫就是色相。不仅如此，色彩的相貌还在这个基础上变化万千。光是绿色，就有草绿、豆绿、抹茶绿、浅水葱、薄荷绿、橄榄绿、祖母绿……简直无边无际。

它有不同纯度之分。《海的女儿》中说："在海的深处，水是那么蓝，像最美丽的矢车菊花瓣，同时又是那么清，像最明亮的玻璃。"矢车菊蓝饱满又生动，而石灰蓝则低调又谦逊。

它有不同明度之分。暗极为黑，明极为白。酒红为暗，粉红为明；藏青为暗，湖蓝为明；巧克力色为暗，米色为明。

我们是否可以通过色彩的特性，来理解和描摹自己？

每个人的底色不尽相同。虽然人类拥有相似的生理结构，但每个人的生活经历、文化背景、教育水平等因素都影响了一个人的个性、情感和价值观，从而形成独特的底色。即便是双胞胎，也因各自生活轨迹不是全然重叠，导致他们的底色依然存在差异。并且，很重要的一点，随着人生的不断推演，每个人的底色实际上还在动态变化着，只是在一个较长的阶段内保持着相对的稳定性。

如果给现在的我——36岁的这位女士——尝试用色彩来做一下"底色表达"，会是什么样子？

冷暖上，我一定会更倾向于冷色。所有接触过我的人，对我的评价都是理性、逻辑性强，有一些疏离感。我先生当年第一次见到我的时候，据他说，在一群热闹的女生中我显得特别安静淡漠，就是因为我身上的这股清冷的气质吸引了他，才有了后面的许多故事。事实上，我日常穿蓝色系服装的确是最出色的。

色相上，我偏爱蓝色的睿智，也爱棕色的故事质感，喜欢绿色的生机，待在这几种颜色里，我感觉非常放松和安全。

纯度上，我应该更适合低纯度色。我平常不是一个张扬或者个性十足的人，我甚至有一些保守，在很多事情的选择上都不是很主动，循规蹈矩的时候比较多。日常指甲多涂裸色系，极少选择鲜艳夺目的艳色。

明度上，如果放在几年前，我会倾向于暗沉的色彩。从小到大，我一直早熟懂事，没有特别亮眼的经历，尤其是进入婚姻生完孩子后，整个人都过于沉闷。这些年，因为美学教育事业的开展，我幸运地开始了一段新的旅程，接触了很多美好的风景和人，卸下了许多思想上的重负，人变得更轻盈、更有能力了，事业搞得风生水起，我自己也因此走进一个更加明亮的世界。

这是我的色彩故事。

你的底色，又是什么样的呢？

2

红 与 黑

红

几年前，跨界艺术家张渔推出了一本她的个人画集，里面的所有作品以玄黑、月白、青碧、朱砂、赤金这五个中国传统色彩为线索创作。这是我极爱的一个女人——她是一个灵气纵横的画家，画的仙有魔性，妖有仙气，笔墨的线条和色彩都极有张力，时而写意，时而杀戮。我尤爱她笔下的这番瑰丽热闹。

红赤朱绛绯丹，所有的红色都是她作品中喷薄的情感来源。

之前，她还为一张音乐专辑设计了概念海报：画了红莲和墨莲的双生形象。

红莲象征忠勇、仁义和慈悲，墨莲象征邪恶、阴谋和暴虐。

红色在中国的文化语境里一直都是嫡系、正统的象征。旧时代，在婚礼上只有正妻才可以着正红色的嫁衣，妾侍只能穿杂色或者不办仪式。

之所以红色在中国传统文化中拥有"正统""权力"的意象，很大原因在于红色具有视觉侵占性。这种色彩先天地占领我们的眼睛——众色中，我们总是最容易看到红色。因此，红色能极强地操纵人的情绪。

鲜红色可以让人的肾上腺素分泌加快，心跳加速，焦虑感更强烈，并有可能激发怒气值的上升。看，色彩能决定我们的思维与感觉，无论我们是否愿意接受这个事实。

无论是 F1 赛道上疾驰的法拉利，还是席卷英伦球场的"红魔"曼联，红色如同一针会让你心跳加速、追击亢奋的兴奋剂，万万不会让你放松和镇静下来。

很多年前，我是不穿红色的，特别是高饱和度的红色。我对红色一度有着深深的偏见，在我眼里，大红色可以作为喜庆之色潢饰四壁，但一旦用作妇人之衣，便俗到了尘埃里。巩俐在电影《红高粱》里那一身红棉服的民俗味道让我很长时间都对这个颜色没有好感。大概每个美学工作者都有一段审美无能的历史吧。

可是我这一生中，都没有像现在这样喜欢红色。时装大师Bill Blass曾说，"红色是悲伤的终极良药。"以前我不懂这句话，现在却能凭借一件红色的单品迅速扫除身上的疲惫和萎靡。

每种色彩投射到你的眼睛里，就会赋予你它在自然界对应的形态能量。譬如红色在自然界中对应的是火焰和太阳，所以我们一旦看到红色便会有对应的联想，从而产生积极情绪的流动，热情的光芒便会第一时间给我们希望。

现在，每个月总是会有那么几天，我会卸下漂亮的高跟鞋和约束的洋装，和自己进行一场轻松明快的约会，红色是极好的伴侣。

某天秋日午后外出拍照，我穿上基本款的白衬衫，选了一条毫无压力感的针织阔腿裤，踩上一双蓝色匡威鞋，红色线衫往肩上随性一搭，像一朵飘动的红云一样好看。两只耳朵里灌满了《土耳其回旋曲》的明媚调调，我戴着耳机走在街上，忍不住要跳起来。拍着拍着，摄影师突然发现镜头里红色线衫不见了，原来是一路上颠儿得太欢快，我把它丢在了街边，真是令人愉快的回忆啊。

所以，真的是年龄越大，活得越久，越能发现这个颜色的美好——单调克制的人格容易生长荒凉，而红色是最好的补剂，为细胞注入最强劲的生命力。安徒生先生笔下那个自负的小姑娘伽伦，穿着一双红舞鞋旋转不休，如若她当时穿的是蓝色或黑色的舞鞋，大约很快就消停了吧。

黑色

问：为什么西方的葬礼上要求大家都穿黑色？

答：因为在人生最肃穆的仪式上，只有黑色才能带来极强力量的哀悼。在这个色彩的笼罩下，每一个当事人对逝者最深刻的尊重和追思都会被唤起，所有不合时宜的情感都在这一刻被过滤掉，只剩下纯粹而虔诚的缅怀。

在服装历史上，黑色长期被当作葬礼的特用色，鲜少被运用到日常服装，特别是女性服装的设计中来，直到一位女士的出现——她叫Coco Chanel，没错，就是那个如雷贯耳的名字，香奈儿。

卡佩尔的去世让香奈儿陷入悲伤，却也刺激了她的创作灵感。她开始疯狂地迷恋上黑色。1926年，经典小黑裙诞生，伴随着一战后女性地位的提升和女性解放运动的影响，它站在了时尚之巅。

黑色、白色、灰色构成了色彩中的三大基础色，相比于明亮的白色、中庸的灰色，黑色的力量极端又强势。它与心理学中的黑暗、沉默、恐怖、罪恶、悲哀等消极概念密切关联。黑色之所以迷人，也是因为它自带的神秘氛围，但是这种氛围太过浓厚就会变得压抑。

许多女性都觉得黑色显瘦，但是实际上大面积的黑色沉闷又压人，所以很多人在驾驭黑色时是有点力不从心的。恰到好处的留白才是把黑色穿得好看的关键。

譬如，把西服敞开，露出里面的黑色吊带、白皙皮肤的时候，黑色面积的比例因为肤色得到了中和，整个人就有了呼吸感，不再沉重；又或者，当选择全黑造型的时候，尝试用一些浅色元素，譬如白色胸针、淡黄色衬衫去搭配，可以有效减轻黑色的压迫感。

正是因为黑色的绝对力量，我常在课堂上建议一些面部五官不是特别立体鲜明的女生去美发沙龙染一个比黑色稍浅一点的发色。深棕色最保险。这样整个人看上去会更加柔和与平衡。

黑色如此难缠，因为它的力道之大，我们需要小心对待。但同时，也正因为它力道之大，便可以压住一切妖冶之色——无论是刺破眼球的荧光色系，还是姹紫嫣红，但凡你觉得驾驭不了的色彩，都可以在黑色的绝对压制下变得和谐起来，并构成一个辨识度极强的造型。

如果担心自己掌控不了大面积的个性颜色，那么可以将黑色上衣与个性色彩下装搭配，这样既有黑色营造出来的大气美，又有个性色服装的设计感。如果你想把个性色彩全穿上身也可以，一副黑超眼镜可以帮你撑起一股锐不可当的气势。

黑色同时又是一张最基础的画布。放上温柔，就会呈现婉转；放上硬朗，就会呈现铿锵。譬如，黑色和珍珠作配，是时尚界一直以来最经典的优雅组合；黑色和金属作配，力量加成，黑金是属于巴洛克时代的男性品格。

3 /

/ 绿 与 棕

绿

"绿色"这个词，最早可以追溯到17世纪，它的词源来自古老的原始印欧语里的ghre，意思为"生长"。这个词的出现大概和人类对自然的观察密切相关。无论在最初的森林，还是在草原，我们能看到的最多的一种颜色，就是绿色。这是生命的象征色。

你听一听这些绿色的名字：薄荷绿、苔藓绿、草地绿、橄榄绿、森林绿，统统和林间的意象拴在一起，透过颜色本身，我们仿佛还可以看到一些令人心动的细节——树叶上的纹路，青草上的露珠，橡树脚下的地衣，这不就是一部《绿野仙踪》吗？

所以我们在日常的医疗、环保、可持续发展等领域中都可以看到绿色的应用。一瓶裹着绿色腰封的矿泉水，在超市里一排排不同色彩包装的饮料中，让人感受到的是一种更健康、天然、有机的心理暗示。

印象深刻的绿色造型有两个——都是裙子。

一个是《赎罪》里凯特·奈特莉参加晚宴时穿着的一条好看的有光泽的绿色长裙；另一个是《乱世佳人》里费雯·丽的一袭由天鹅绒窗帘制成的绿色裙装。

比起黑裙的低调和红裙的奔放，绿裙更容易激发人们独特的情感和创意，让主角充满活力。

很多人喜欢绿色，但又不知道如何去组合出平衡的造型。实际上，只要我们走进这春日里，便可以得知奥秘一二。

绿叶可托万色花。

玫瑰、风信子、茉莉、郁金香、鸢尾……无一不是以绿色作配。

除了黑、白、灰、棕这样经典的基础色，绿色简直是最百搭的。

如果你实在害怕红绿同台唱戏的热闹，可以尝试选择一个更稳重的绿色，来压住姹紫嫣红们过分的欢脱。在如此多的绿色之中，军绿色恰好是一个能够稳重到可以和你所拥有的一切单品和谐相处的颜色，它就像一位穿越生死、看淡荣辱、从战地归来的陆军中尉，镇定中带着威严的力量。它和米色、驼色一样，是衣橱中的中性色，也是时髦人士衣橱里常年必不可少的存在。

我极其钟爱军绿色。战地色彩是女性最好的盔甲色了——无论你的气质再怎么性感，再怎么小家碧玉，穿上军绿色，你就是自己的骑士。

女装成衣其实不多用军绿色，所以有时候我会去男装区挑选单品。有日我买了一件军绿色的棒球外套，还没来得及挂在衣橱里，随手扔在床上，结果先生下班回家看到这件衣服甚是惊喜，便穿上美滋滋地在镜子面前转了几圈，直到我告诉他这件衣服是我买给自己的。当时他的表情愕然。

然而，大面积绿色的叠加搭配可能会有些无趣，这时候不妨拿出一件干净清爽的白色单品来提亮，会收到意想不到的效果。

棕

绿色是新的，棕色则是旧的。

绿色搭配棕色，不同调调的绿在身上演绎出新新旧旧的季节感，非常适合在季节交替的时候尝试。

棕色很容易让人联想到大地、陶器、土壤、枫叶、麦田，给人带来一种自然、朴素、保守和沉着的感觉。

所以在很多民族或者田园风格的服装场景中，棕色经常作为底色出现，以一种敦厚、温暖、安定的气韵，来塑造出"连接大地"的信仰。譬如波希米亚人、印第安人，他们在长期的生活中和大地共呼吸、共生存，因此其与棕色紧密相连。

棕色包含各种不同的色调和层次感。赭色、沙色、奶酪色、可可色、咖啡色……浅色的棕色更有年轻感，深色的棕色则显大气成熟。不管是哪种，从色彩的适配性到提升自身的格调，每一种棕色都显得游刃有余。

其中有一种色彩来得特别有质感，那就是卡其色。

卡其色大概是一种介于浅黄褐色和中浅黄褐色之间的颜色，像是土色，接近米色与咖啡色。Khaki这一英文词本用来描述英国高级军装的颜色。一战结束后，卡其色从战场被带回到日常生活中，并迅速成为时尚流行中一个特别的元素。

卡其色和同有战地渊源的风衣组合起来，便成了一件经典单品：卡其色风衣。谈到卡其色风衣，绝对绕不开奥黛丽·赫本在《蒂凡尼的早餐》中的造型——她穿着一件束腰卡其色风衣，与乔治·帕佩德深情对望，这美丽的样子定格在世界影史永恒的岁月里。汤唯在《晚秋》中扮演的安娜，头发凌乱盘起，多个场景都是身着一件卡其色风衣，不是清爽的款式，也并不十分合身，但让这个角色充满了故事感，配合影片灰蒙蒙的色调，充分展现出女主角内心的荒芜与忧伤。

　　懂得欣赏棕色的人，通常都不是最摩登的那群人。但他们多温厚，常怀旧，无事之时爱逛书店，听老唱片。他们是最懂生活的那群人。

4

蓝与黄

蓝

蓝色，与天空和海洋关联的颜色，所以直接被赋予了寒冷、宁静、深邃和清爽的气质。

在自然界中，蓝色通常被用于表达平静、稳定和安全。例如，医院通常使用蓝色作为主要的配色，因为它可以缓解焦虑和压力，同时营造一种安心的氛围。

在商业和科技领域，蓝色通常被用作品牌色。例如，IBM、微软等科技巨头都使用蓝色作为其标识的主要颜色，因为蓝色可以激发出冷静、安定的情绪，从而传达出可靠、专业和可信任的感觉，所以蓝色也是最经典的职场单品色，是全球商务人士的首选。我有不少律师朋友，他们衣橱里浅蓝色的衬衫永远是主力军。

蓝色也可能与一些消极情绪有关联。

蓝色通常被认为是一种经典的冷色调，可以引发人们对于孤独、悲伤和忧郁等负面情绪的联想。蓝调音乐（Blues）就常有忧郁主题，让人产生压抑苦涩之感。过度地接触蓝色可能会导致人们情绪低落，加重孤独感和悲伤，特别是对于心情不好或者性格敏感的人来说，穿着蓝色可能会加重他们的负面情绪。

尽管如此，蓝色依然是全世界，无论男女，最受欢迎的颜色。

从12世纪以前圣母玛利亚的深蓝色披肩，到13世纪欧洲皇室开始追捧的皇家蓝，再到18世纪初普鲁士蓝的出现，再到现代各种蓝色服饰，蓝色已经不仅仅是一种颜色，更是情感与文化的象征。

在1955年的电影《茜茜公主》中，茜茜公主和王子订婚那幕，罗密·施耐德一袭蓝色水晶裙——那样一个属于童话桥段的造型，当真会让每一个涉世不深的姑娘见而心动。2004年的《恋恋笔记本》中，瑞秋·麦克亚当斯穿着一条普普通通的、在设计上并不出彩的浅蓝色裙子，和爱人诺亚在湖面上划船，那是通篇悲伤的故事底色里难得的温馨时光。

黄

蓝色是大人，黄色是稚子。大人常有悲伤，稚子从未消沉。

黄色起源很早，早在旧石器时代就已经被人类所使用。在古埃及和古罗马的绘画中，甚至可以追溯到洞穴绘画的史前时期，黄色就已经存在了。据说，黄色的出现与原始人对太阳的崇拜息息相关。也正因为如此，黄色也通常被视为温暖的颜色，人们更是赋予它幸福、乐观的内涵。

在中国古代的色彩秩序中，黄色地位尊崇。在五行学说中，金木水火土，土居中央，黄色是土的代表色，自然对应中央方位。特别是在唐以后，黄色逐渐成为帝王的象征，平民百姓不得使用，这种特权无疑增加了黄色的尊贵和神秘感。这是黄色的人文审美。

但黄色说到底是"生动"的。如果你买了一桶颜料，马上可以做一个实验——黄色极不稳定，只要在黄色里添加一点点其他颜色，它立马改了模样和属性，完全就是小孩子心性。所以和蓝色的忧郁基因不一样，黄色是活脱脱的乐天派。

《重庆森林》里，阿菲穿梭于市井小巷中为店里采购，她穿着鹅黄色T恤搭配水蓝色长裙，戴着小圆墨镜，非常俏皮鬼马。除了这一身，她还有一身淡黄色的碎花衬衫。这是让我印象深刻的黄色造型。

如何把黄色的肆意青春、阳光明媚扮演出来?

首先选择的黄色不能太深沉。越浅的黄色越有流动性，生命力越强。日常推荐大家穿着柔和清浅的鹅黄色，自带一种白色的雾感，比起其他黄色，适配性强大很多。

我尤其喜欢黄色搭配绿色。每逢春夏，绿色满眼的季节，满世界翠绿欲滴的植物呀，蔓延到心里头。这个时候，如果能有一抹黄色相伴，那真是把光芒穿在身上了，足够明媚但又绝不喧闹。黄色突出了绿色的清新，绿色烘托了黄色的温暖，整个配色非常清爽。全球最大的口香糖制造商美国箭牌的柠檬口香糖，其经典外包装用的就是这个色彩组合。

黄色搭配白色也不错，两种色彩都非常明亮，是提亮肤色的秘诀。

黄色和蓝色搭配自然也是非常出挑的，理性的蓝和感性的黄，碰撞在一起很有活力。如果是淡淡的牛仔蓝或者沉郁一点的海军蓝，整体会更耐品。

这些年，我家里的黄色单品慢慢增多——黄色的单鞋，黄色的帆布包，黄色的发带，黄色的针织衫……我喜欢黄色欣欣向荣的味道，不管当天心情如何低迷，清新的黄色都像一个柠檬味的橡皮，能将萎靡负面的情绪一抹而空。

每种色彩都有它自己的天赋，学会借助色彩的力量去影响你的感官。相信我，用不了多久，你便会成为一个操控自身能量的高手。

5

紫 与 灰

紫

问：紫色是怎么调和来的？
答：蓝色和红色。

体内一半海水、一半火焰的基因——这样冲突感十足的戏剧性出身，注定了这个颜色非同凡响的质感。

1985年斯皮尔伯格的影片《紫色》中，紫色被当作女性角色力量和信念的别名。而片尾，那片紫色花海，终于在每个敢于抗争的女性心中盛开。

紫色，太符合女性对美的意象的追求。它浪漫中带着坚毅，梦幻中带着神秘，还有一股与生俱来的高贵感。

紫色的高贵感，来自它在世界历史中不约而同的尊崇地位。恺撒大帝和明成祖朱棣就曾一西一东、一前一后默契地建造了"紫色的宫殿"。

西方神话传说中的神祇常穿着紫色服装。《圣经》里，大祭司亚伦的圣衣就由紫色、金色、蓝色、朱色四色并捻而制成。古罗马的学者普林尼写道："紫色是用罗马权杖和斧头劈出来的颜色。它所染的每一件衣服，都沾上了胜利的金色荣光。"

而在中国的传统文化中，紫色虽非正色，却由于其与帝王、神仙的紧密联系，祥瑞非常。

我周围喜欢紫色的朋友很多，生活中穿紫色的却很少。大概是因为喜欢紫色的人大多心思细腻，多完美主义，常对自己苛刻，所以在"不知道如何展现紫色"的时候，便不做轻易尝试吧。

实际上，只需掌握紫色的浓淡，就可以轻松把握住它的风格。

淡紫色，像五月的薰衣草，闪耀着柔和的光芒，如果再配上粉色，一种浪漫细腻的女人味道呼之欲出，是与爱侣约会互诉情长的首选色彩。

深紫色，如无法探知底线的星空宇宙，深邃而宁静，充满了灵性的力量。如果搭配稳重的黑色，距离感会更为突出，呈现出高级的质感。

总之，紫色是一种颇有个性、充满矛盾且有些许自恋的颜色，和它组合的颜色是需要点包容力的。

据我所知，在所有和紫色搭档的颜色中，灰色是第一良配。

灰

问：为什么僧侣穿的都是素色麻衣？
答：因为佛门要六根清净、自在放下。没有俗世沾染和毫无个性的灰色，配合宽大的衣身，这是四大皆空的身修。

灰色是有"禅意"在身上的——无欲无求。

当你不想被人注视，只想安静地融入一个城市的氛围中时，可以穿一些温柔低调的灰色，配合柔软的面料，把整体的光泽压下来，用哑光包裹自己，那么你就能在人间行走自由了。同理，在一个你不想被关注的社交场景里，穿着灰色会让你远离人群，即刻遁形。

作为中庸之色，灰色比黑色更柔和，比白色更深刻，它的"过人之处"就在于它不像黑白那样纯粹，而在极端之间平衡，营造出没有冲突的氛围，这就是它的"格调"所在。如果把所有色彩都比作世间人，黑色或许是威严的大祭司，白色是高风亮节的使者，灰色则是谦逊好脾气的坊间隐士。

托尔金的《指环王》里中土世界的巫师有白灰之分。灰袍甘道夫，那时他还未和炎魔一战，未有升级白袍的契机。但对比后面白袍阶段的谨慎严肃，灰袍时期的他更为随意洒脱——是一位拿着脏兮兮的烟斗，到处跑江湖，经常用法术为小朋友带来欢乐烟花的可爱老爷爷。

朴素而天下莫能与之争美。

——《庄子·天道》

即便灰色如此低调，但也并不无聊。千万不要对灰色单品有歧视，因为灰色作为基础色中的一员，它的独特性和时髦性是最可塑的。

灰色单品的覆盖面很广，不同明暗度的灰色单品带给人的感觉是不一样的，女士们可以根据自己的穿衣喜好选择。

想要整体色系更明亮一点，可以选择趋于白的浅灰色；想要整体看上去更沉稳一点，可以选择深灰色单品。

灰色性情冷淡，用它打造极简风，更能体现简约的质感。所以在款式上，只需要剪裁利落、保持垂坠感就好，款式越简洁越能体现灰色的大气。

能欣赏灰色的人，大都是经历过潮起潮落的人。他们穿过活色生香的幻象，选择了一种最节能的生活方式。

而当你彻底爱上灰色的时候，身体里已经住进了云淡风轻。

6

无 垢 白

白色，无杂之色，不能藏垢。

这个色彩在人类的宗教、历史和文化中一直担当着正面、神圣的角色。《以赛亚书》1∶18中，主说："你们的罪虽像朱红，但必变成雪白。"这就是白色关于宽恕的隐喻。

白色常在中国古代被认为是万物的本源，亦代表虚无、神秘和超凡，同时也有光明、纯洁、神圣的意象。佛教里的白莲，玉器里顶级品质的白色品相，《松鹤延年图》里象征清高与吉祥的白鹤……无一不是对白色最高的礼赞。

这个古老的颜色跨越万千时空没有任何色相地存在，清心寡欲，高雅至极。

黑色固然有个性，且和艺术的神秘感天然合拍，对于特立独行的艺术人士来说，一袭黑色的装扮是隐藏自己莫测个性和诡秘想法的最佳盔甲。无论画家、摇滚乐手，还是服装设计师，大家都喜欢穿黑色。特别是由山本耀司拉动的黑色审美影响极广。尽管如此，黑色依然无法取代白色，因为只有白色才能最恰如其分地表达出艺术的贞洁和神性。

1955年后西方的教皇就一直身着白装；古埃及、古希腊的女祭司们身着白袍；甚至在法国革命结束后，整个欧洲的时髦女士都穿白色，因为白色时尚被视为古典主义美学精神的延续。

白色因为没有污染的面相，还经常被用来演绎少男少女的纯情。

在《成为简·奥斯汀》里，安妮·海瑟薇穿着18世纪英国寻常样式的洁白睡衣伏案写作，那一帧镜头简直是全世界文艺少女的梦想写照。

此外，《傲慢与偏见》《简·爱》等电影中也有经典的白色造型，它们无一例外地塑造了角色纯洁、高贵的品格。

正是因为如空白画布一样的存在，白色成了许多经典单品的底色。白衬衫、白T恤、小白鞋……它们都是绅士、淑女们衣橱里最得力的老友。即便你不是配色高手，也可以轻松拿捏白色与其他单品塑造各式风格。白色可以是主角，也可以是助手。

白色还有一种神奇的力量，它可以让任何靠近它的色彩都变得更加干净和清澈。譬如圣托里尼岛上的白色住宅就把爱琴海衬托得如蓝宝石般闪耀。与白色在一起，蓝色更蓝更透，绿色更绿更翠，黄色更黄更亮。春夏时节运用各种好看的色彩和白色作配，真是清透又养眼。

白色初生的心性，是让造型年轻化的原因。黑色指向成熟，白色指向轻盈，众多女性因为一味追求纤细而钟爱黑色装扮，殊不知黑色的沉重感也常带来反作用。倒是久被误解的白色，在优良的裁剪中，会让穿着者真正轻快灵动起来。

留白，是东方美学特有的表现手法，更是一种"空大于满"的哲学精神，适用于绘画，当然也适用于穿衫。白色，空纳万境，普通人练习风格中的留白之道，可以从一件白色服装开始。而穿衣时常留白的人，自然懂得搭配里的布局与意趣。

1989年的港片《喋血双雄》里，周润发一身白西装，在教堂中缓缓倒下，黑夜下烛火通明，圣母像如往常般沉默，白鸽纷飞。

白色是良善之人的追求，是负罪之人的救赎，是人生的起点，也应是终点。

7

甜心粉

提到粉色，我第一个联想到的是天才导演Wes Anderson，他的《布达佩斯大饭店》以童话般布满全屏的粉色海报闻名于世；而他的另一部作品，2012年的电影《月升王国》，身穿粉色裙子的12岁女孩苏西，在一群身着卡其色、军绿色服装的童子军小伙伴中，凸显出格外的少女感。

粉色在某种意义上，就是梦幻的、童真的、女孩的、唯美的、温柔的色彩代表。而这样的标签，也让这个颜色的应用在女性中陷入了两个极端。

第一类女性，她们打心眼里向往更轻盈、清纯的少女感，想要留住青春的质感，所以抓住粉色，大穿特穿，没有章法。

第二类女性，她们往往从小独立，习惯自我承担，天然地对粉色有抗拒感，其衣橱里完全见不到这个颜色。

对于第一类女性，需要学会粉色的平衡演绎。过量的甜美就是甜腻，过分的温顺就是懦弱，过度的梦幻就是不切实际。我们可以减少粉色的比例，或者用淡漠的灰色和中性的牛仔色与之平衡，又或者把粉色放在一些中性的单品上——粉色衬衫、粉色裤装，以此来调和粉色本身柔嫩的特质。

另外，粉色有很多种。西瓜粉、樱花粉、胭脂粉、蜜桃粉，以及干枯玫瑰粉、脏粉、珠光粉、慕斯粉——后面这个序列的粉色明显更容易穿出质感。

对于第二类女性，我想讲一个故事给你们听。

我有一个10年的老友，译丹姐，见过她的人无一不被她身上敢爱敢恨的特质所吸引——17岁的时候忤逆父母，出逃家门追求爱情；辗转数家福利机构，坚持公益慈善20年；力排家族异议，顶着巨大压力坚持以自己的方式养育儿子，直到他被美国顶级名校Cornell University录取……她的每一段人生都足够有担当，足够有魄力，足够坚定与清醒。

在我的色彩课上，她坚定地和我说："我这辈子一定不会穿粉色。"

和很多不穿粉色的女性一样，这样掷地有声的选择大多不是来自审美上的偏见，而是来自内心长久以来一种很天然的排斥。

我和我的学员们很认真地聊过粉色：能顺畅穿粉色的女性，通常阴性能量很足，她们愿意或者说敢于暴露柔软，甚至脆弱，能够心安理得地接受别人的礼遇和恩惠；反之，在粉色装扮上有卡点的女性，譬如早期的我，因为懂事较早，通常阳性能量更强——独立、理性、自我主宰，但同时往往不愿意示弱，不爱寻求外界的帮助，无法轻松接受他人的馈赠。

公主才穿粉色，女骑士怎么会有粉色盔甲呢？

女骑士们大多数在较早的人生阶段没有受到足够多的呵护与支持，于是早早长出盔甲来保护、照顾自己，习惯了凡事靠自己。这样的经历带来的影响是双面的——她们通常果敢、理性、抗挫能力强，但同时失去了一部分柔软的女性特质。

每一位女骑士在成年后都有一门重要的功课，就是重新照顾自己内心的那位小女孩：允许自己在一定范围内任性，尝试求助和依赖他人，学会坦然接受他人的好意。

对了，译丹姐的故事还有后续。她现在穿粉色了，不仅一点不拧巴，而且光彩照人。

8

色相无雅俗

"这个颜色真艳俗，那个颜色很雅致。"

周围很多女性会根据自己的审美把颜色分为三六九等。这些年受流行风潮的影响，大家越来越倾向把高调、热烈的"高饱和度色系"打上"俗气"的标签，同时把低调、柔和的"低饱和度色系"视作"优雅"的载体。

玫红色就是比不上裸粉的高雅；
草绿色就是比不上苔绿的情调；
明黄色就是比不上奶黄的气质；
宝蓝色就是比不上藏青的涵养……

在很多影视作品里，也常看见通过穿红着绿的造型来打造一个个肤浅张狂的女性角色。譬如在2015年的电影《灰姑娘》里，设计师Sandy Powell通过给两个姐姐设计孔雀般浮夸的礼服、帽子、手套和刺绣扇子来衬托女主角的清丽脱俗。通过堆砌高饱和度色彩来建立无知浅薄的人设，这是一个最省力直接的塑造手段。

相反地，也有部分女性偏爱艳丽的色彩，她们打心眼里觉得那才是时尚的要领，同时认为柔和的色彩穿起来灰头土脸，既保守又无趣。

不管是前者还是后者，总归是各有各的偏见。

事实是，即便作为一个美学工作者，我也曾带着这样的偏见去看待色彩，而且持续的时日还不算短。我属于前者。我竟然很长时间都不喜欢高饱和度的色彩，我深深地且固执地认为——"那样的色彩真的不优雅。我不要穿。"

幸运的是，随着接触和探寻更多的服装文化和艺术领域，我对色彩的成见慢慢消失，随之替代的是对所有颜色的理解、欣赏和彻彻底底的拥抱。

从夏尔·格莱尔画室毕业的莫奈，从未想过自己的画作会被后人如此推崇。温柔迷蒙的色彩风格，和他本人一样谦虚。半个世纪后出生的乔治·莫兰迪则把低饱和度色彩的朴实审美推到了极致——本是孤立起来的毫无生气的一堆色彩，在他的作品里却不闷不土，呈现出了一种精神上的禅意和优雅。同莫奈一样，在法国声名鹊起的亨利·马蒂斯，却因为操纵大胆、强烈的色彩，制造出了浓烈的情感——他喜欢用直接从颜料管里挤出来的油彩，那可是饱和度最高的创作伴侣，个个张力十足。

鲜艳色彩往往具有强烈的视觉冲击力，可以吸引人们的注意力，激发个体产生亢奋、振作、生动的感受，譬如橙红色。

柔和色彩给人提供一种较高的舒适感、静谧感和亲密感，让人感受到愉悦和放松，譬如米色。

无论是鲜艳的色彩，还是柔和的色彩，背后都有自己的潜台词。不管是在画作里还是在服装上，它们都在尝试表达不一样的时代触觉、性格、情绪、场合属性、社交心情。

时代上：柔和的色彩多用来表达复古情怀，鲜艳的色彩自带先锋属性；

性格上：爱穿柔和色彩的人常常低调内敛，爱穿鲜艳色彩的人通常自我意识很强；

情绪上：柔和的色彩彰显亲和力，鲜艳的色彩自带夺人的气场；

场合上：在正式场合多用柔和稳重的色彩，在聚会派对上则可以自由选择鲜艳色彩；

社交上：柔和的色彩保护那些不想被关注以致招来搭讪的姑娘，鲜艳的色彩则让那些主场身份的女士备受瞩目。

看见了吗？每一种色彩都有它的使命，就是"表达"。

当然，它们也各有自己的弱点。从艳丽到艳俗只差一个字，从柔和到柔靡也只差一个字。

鲜艳的色彩因为视觉的侵占感强，所以过多面积地使用会让人感到刺眼和躁动。同时，因为儿童用品、卡通形象和节日氛围多是用这种色系呈现，穿在人身上容易被识别为不够成熟和不够有质感，所以鲜艳色彩需要用心搭配，不然会流于凌乱和花哨。

柔和的色彩虽然可以营造舒适和温暖的感受，但是过多的柔和色彩，再加组合上没有变化的线条，也容易让人感到沉闷与单调。所以，需要经常更换搭配方式和变化款式来保持形象的新鲜度。

除了在视觉搭配上的考量，我们也需要花时间评估自己的个人气质与氛围。这两种色彩虽然都有独特的审美价值，但是脱离了个体，就会让表达大打折扣。

个性沉静内敛的女性，相对更适合柔和的色彩。譬如电影《一代宗师》里叶问之妻张永成；譬如《雏菊》里全智贤饰演的慧英，无论是坐在阿姆斯特丹广场前画肖像，还是在野外的花海中架起画板，她的脸都是那么云淡风轻。

个性活泼开朗、有鲜明的个人意识的女性，更有能力驾驭鲜艳的色彩。譬如《小妇人》里西尔莎·罗南饰演的乔，她独立、有思想，希望和莎士比亚一样写出属于自己的作品；譬如《红磨坊》里妮可·基德曼饰演的莎婷，她是19世纪末巴黎蒙马特地区当红的舞女，张扬又自信，她的服装造型也异常华丽。

色彩的相貌罗列万千，从无雅俗。所谓的雅俗，只是人们心中那一道刻板的审美标准罢了。在穿越了数个动荡或黄金的年代，领略了多种文化思潮后，我们终于可以在当下，建立起辩证的审美，来拥抱每一个迷人的色彩。

PART 4

时令穿衣

1

/ 天人合"衣"

天人合一，是中国古代哲学中关于天人关系的一种学说，指天与人的关系紧密相连，不可分割，强调天道与人道、自然与人为的相通和统一。

简单地从衣食住行人生四大事来说，天人合一就是跟随气候、天气、具体的自然场景的变换，来调整不同的行动方案。

日本人对四时季节变化非常敏感。春天品真鲷，夏天尝新子，秋天吃秋刀鱼，冬天食河豚，料理跟随四季更替而换。不同的季节，有不同的植物、不同的美味，也相应有不同的娱乐及安排，这样的生活很有趣。茶室里也因季节不同摆放不一样的应季花枝。因此即便都市的人们不辨五谷，远离农耕，也会怀念这样可爱有趣的文化。

实际上，这种时令审美最早来源于中国。《源氏物语》里记录的夏季荷香、冬季落叶香，到后期改良的四时香，源头都在中国的香道。日式花道、建筑无一不和我们渊源深厚。

这种审美视角，放在服装上，就是天人合"衣"。

能根据季节的轮换、草木的更替、大自然冷暖的变化、山色的流动，来确定着装的方向，不能不说是属于现代人的风雅事件。

春天万物苏醒，夏天瓜果飘香，秋天百花杀尽，冬天鹅雪飞天。

如何穿，才能是这幅画面中的一个和谐音符，这是一门可爱的学问。

配色有季节感，是第一个标准；面料有季节感，是第二个标准；能呼应季节的内在性格，则是终极标准。

美学是一个感官学科，调动我们全身的感受。

很多人不知道怎么根据季节来实现色彩的呼应，告诉你一个很好用的方法，找到当季很喜欢的一处自然景色，譬如春天鹅黄色的小花开在嫩绿色的原野上，那么你就可以穿上绿色的衣服，搭配亮黄色的小包或者发带，这就一定很有春天的气息。多做这样的练习，你的感官一定会被锻炼得非常敏锐。

除了服装，香水是时装的最后一道工序。春天，我们要去找绿叶的感觉，香味要轻薄，白花好一些；夏天，我们迷恋馥郁清甜的果香；秋天，适合温暖的焚香、香根草；到冬天，雪松、橡木苔的醇厚木质香则要徐徐登场了。

2

春日里的淑女经

《四月物语》是我每年春天必看的一部影片。岩井俊二用明丽精致的镜头和清新的音乐，配上少女的暗恋，把整个故事演绎得像一首春天的抒情散文诗。

春日里，在蔷薇盛开的街道，淑女化的装扮是最相宜的。而各种裙装就是最好的淑女单品，如果是过膝的长度兼具伞形，还会营造出一种文雅的旧时代气息。每到春意葱茏的时候，我都会把一条粉色裙子从衣橱里翻出来，配合有底气的藏青色风衣一起穿上，走出门，然后一头扎进街边一家低调的书店，一待就是一下午。

除了裙装，温柔的针织衫也是春天的造型常客。慵懒妥帖的触感和保温的功能，正适合刚刚告别漫长冬期的初春；条纹衫也是这个季节颇受偏爱的单品，在搭配性上经典无敌，在实用性上吸汗又舒适，如果是红白条纹，则更添几分活泼朝气。

春天的服装配色思路很简单，配合这个季节的性情来就好。我们只消把春天想象成一幅巨大的油画作品，而把自己当作画上的一个元素，做到融入而不突兀便是"天人合一"。

美国诗人艾米丽·狄金森有一首诗叫《春天的颜色》，诗里如此写道："这个季节的颜色，如白银，如玫瑰，如鲜血。"没错，这个季节是如此生动和温暖，到处都充满了轻盈的生命。那么，"生动""温暖""轻盈"就成为春天的色彩关键词。

"生动"，意味着着装的颜色避免过于低调朴素，需要一些艳丽感，莫兰迪色太禁欲，糖果色就很对味；"温暖"，意味着暖色调更适宜，譬如橘色、黄色、红色、草绿，这些都是；"轻盈"，意味着浅色是主打，黑压压一片可不是春日风范。

聊春天的装扮颜色，是绕不过粉色的。关于粉色，我周围的朋友泾渭分明地分成两个阵营：嗜粉如痴和谈粉色变。前者贪恋粉色带来的无限浪漫和青春身份，在使用上不加节制；后者大多对粉色有偏见——那春闺少女心带来的蠢蠢欲动好像怎么也登不上大雅之堂。

实际上，造物主何其智慧，自人类有史以来，每种色彩的诞生都有它的意义。

粉色是柔顺感极强的颜色，可以化解造型中过多的硬气，疗愈效果让人惊喜。如果你被友人评价最近状态有些急躁，不妨给身上增添一些粉色，你会发现自己在绕指柔情中悄无声息地净化了，整个过程说不出的神奇。当然，我们无法回避粉色本身的娇憨，所以在选择粉色单品的时候，尽量避免和蕾丝这样女性味道浓重的元素重叠，粉色西装、粉色卫衣、粉色衬衫会更耐看。

春天有一位受人欢迎的女神——Flora，古罗马神话里的花神，她代表春天与鲜花。罗马诗人卢克莱修在《物性论》中说，当春天到来时，花神踏着西风神的足迹沿路撒满鲜花。艺术史上许多大画家都描摹过这个美丽的女神，譬如伦勃朗、波提切利，譬如提香。

伊芙琳·德·摩根于1894年创作的画作 *Flora* 是我最喜欢的花神版本。*Flora* 的金发如云朵般倾泻而下，她身着一条鹅黄色的长裙，裙身上缀满佛罗伦萨的花朵，赤脚站在一棵枇杷树前，黄澄澄连串的果实丰美、饱满，黄雀们在枝丫间停留。春日的草地上繁花并现：玫瑰、雏菊、洋牡丹……众花像是从花神的袖口中洒落出来一样自然。

以花神之名，碎花是当仁不让的春季领衔元素。碎花衬衫、碎花连衣裙、碎花丝巾，这就是一场属于女性的集体的角色扮演。

我的同事维维经常被夸赞人如春日般明媚，在所有的照片里，她都无一例外地嘴角上扬，明亮灿烂。有一个词叫"笑靥如花"，记住，明媚的笑容如花般，永远是春日里最好的配饰。

3

仲夏夜之梦

我喜欢夏天，这是个浪漫又情绪化的季节，什么都有可能发生，就像一场清醒的梦。

就连夏天的形象课，我也感性地把学员打卡平台的密钥设置成了"仲夏夜之梦"。莎士比亚为赫米娅的爱情觉醒量身打造了一个平行的仙境——精灵把花汁滴在了某人的眼睑上，光是这样的情节就已经足够梦幻了。

这个季节留给女士们的装扮空间并不大。进入夏天后，再耐热的人也穿得越来越少。高温天气决定了身上的单品件数有限，每天要穿出层次感和新鲜感并不容易。很多年前，我在穿衣打扮上的态度无比懒散，夏天全靠连衣裙应付，后面实在是倦了，便愿意花心思拾起其他单品打造全新的装扮。

我的着装哲学一向不偏爱设计款，我要把简单的衣服穿出全新的体验，靠的当然就是有镜头感的配件了。与其没完没了地购入一条又一条花花绿绿的连衣裙，直到自己的荷包瘪了或者审美疲劳了，还不如以较小的代价，四两拨千斤：好好关注和充实一下自己的配件箱，用有限的单品，创造出无限的穿衣灵感。

墨镜总是排在第一位的，抵挡紫外线的同时，修饰脸型，并带来一种造型上的摩登感，还能为那些对容貌不够自信的女士遮挡住疲惫与虚弱；还有各种金属配饰，譬如金银耳圈、金属项链，这些有光泽感的配饰能让单薄无聊的夏季单品变得时尚起来。

盛夏的服装不宜太烦琐。

暑热难当，过于复杂的设计，譬如层层叠叠的蛋糕裙会让人看上去聒噪。相反，线条简洁的衣服会给视觉带来正面影响，展现出友好的清凉感。无论质感上乘的白衬衫、阳光健朗的坦克背心，还是少年气十足的百慕大短裤，都可以轻松塑造出得宜时令的好品位。

再说说夏天的服装配色，和春天有相似的地方。春夏都是户外活动频繁的日子，尤其是仲夏，日头拉得老长，无论海滨度假，还是露夜烧烤，又或者机车派对，各色青春剧情层出不穷。在黑塞的小说《克林索尔的最后夏天》里，42岁的画家克林索尔在那个夏天里，与同伴们尽情地相聚，疯狂地创作，喝最浓烈的葡萄酒，爱最美丽的姑娘。

由此来看，夏天可不是什么暮气的季节，所以在服装的整体用色上也不能太沉闷，应以轻快为主，最简单的方法就是用白色单品去组合其他色彩。同时，如果还要考虑在视觉上降温，那在装扮上就需要多选择柔和色，注重冷色，这是很聪明的造型手段。柔和的颜色比起艳丽的颜色更能让人平心静气，而冷色是以蓝色为主导的色彩群，能天然拉低感官温度，穿上冷色便能赢得更好的路人缘。

如果说碎花是春天的御用图案，那么波普就该是夏天的代言。

波普是一种图案，也是一种流行艺术，常集合了通俗、流行、商业和趣味等元素，像我们常在T恤和卫衣上看到的一些经典的人像、卡通形象、英文标语，都是波普的应用。波普之父汉密尔顿曾经评价它是转瞬即逝的、年轻的、迷人的、大众的艺术，这和夏天的青春内核与梦幻特质无比吻合。

即便认真聊了以上这许多，夏天总归是一个充满创意与感性的季节，你当然可以全然忘掉我说的，完完全全创造属于自己的夏日态度。

4

离人之秋

如何知晓秋天来了呢?

一片黄叶打在你的肩头;鼻子里传来小贩烘烤的松甜的红薯香气;姑娘们纷纷穿上了柔软温暖的枫叶色线衫。

秋天,空气里已然褪去了夏的燥气与沉闷,整个城市覆上了一层苔藓般的清凉,行走在街道上,看着各色的路人和猫狗,有一种全世界住在碎金里的满足。

秋天,是一个人文审美度极高的季节。秋风、秋雨、秋月、秋叶,每一个意象,都承载着万物由盛转衰、生命减势为颓的变化。在东方的文化语境里,特别是在中国古代的教育体系里，"悲秋"渗进了所有读书人的骨血，并延续到现世。"叶落的季节离别多"，玉置浩二的《秋意浓》，每每在深秋的夜里，总会触动很多人的愁肠，这群人里当然也包括我。

比起春夏的生动，秋天的整体氛围隽永而厚重，相比于出挑夺目的造型，温润质朴的样子更能获得这个季节的青睐。所有最时髦的单品在这个季节都不灵光了，怀旧的款式反而最得宜。

垫肩西装、高腰牛仔裤、菱格纹针织马甲、卡其色风衣、麂皮乐福鞋、礼帽、老花包袋……任何一个风靡过旧时代的单品都可以拿来作为你的秋日造型灵感。

秋天最适合暗彩色。沉沉的红、暗暗的绿、昏昏的黄，如果再有格纹的历史感加持，很容易穿出来好看又有教养的知识分子腔调。

秋天是大地色的主场。大多数自然界生成的色彩都是大地色，并不局限于狭隘的棕色系，譬如泥土、枯黄的树叶所自带的色彩都是大地色，它自带温暖感，再加上包容的气度，使得它格外适合暖秋。

秋天最常见的面料就是针织，圆领针织衫经典优雅，高领款式则气质出众。感谢父母给我生了个细长的脖子，大部分时候我都可以不加考虑地穿上各种漂亮的高领针织衫，外面搭配一件大衣或者羊毛西装外套，使整个人有一种谦虚得体的高智感。

秋天最雍容的面料就是丝绒。秋天的西装通过丝绒面料的演绎后，尤其会呈现出一种浓郁的优雅。丝绒经过那么多年皇室的拥趸后，最终走进民间的时尚里，让普通女性也可以穿得如贵公子般，风度翩翩。

我喜欢咖啡馆，更喜欢秋天的咖啡馆，咖啡馆本身比咖啡更吸引我。曾在2018年的长沙因为拍摄工作偶遇一间中式咖啡馆，它坐落在一个木门铜锁的苏式庭院里。坐在里面喝咖啡会出现幻觉——仿佛看见菲茨杰拉德和庄子坐在一张桌子上把酒言欢。这里并没有离别，一杯香浓的肉桂咖啡会带你回到任何一段眷恋的旧时光。

5

凛冬将至

冬天来了，春天还会远吗？连雪莱都如此嫌弃当下这个季节。寒冷和萧索的日子通常被拿来形容我们奔向温暖和华美人生时遭遇的暂时困境。可我却偏爱冬天。风很冽，糖炒板栗很甜，热巧克力很香，围巾很软，爱人的拥抱很暖——冬天轻易衬托出平常我们不易察觉的幸福与温暖，就连阳光在这个季节里都显得昂贵无比，让人心生珍惜，这是每年妙不可言的礼遇。

一到冬天，人们对着装的实用性需求就达到了新高度——过冬的厚衣服相对昂贵，替换频率低，精打细算的主妇们纷纷从商场买来深色的衣装，以致整个冬天都朴实无华。

那么冬天的着装方向到底是怎样的呢？

如果把四季比作不同的女性角色——明媚活泼，应是春之公主；优雅浪漫，应是夏之王妃；高贵醇厚，应是秋之女爵；威严高傲，应是北境守护者冬之女王。

那么我们便可摸得到冬天的性情：力量、摩登、分明。在服装用色上和秋天的暧昧、缱绻、融入完全不同，冬天的装扮应该是清晰、个性、有界线的。

所以在冬天千万别吝啬好看的颜色，譬如亮橘色长裤、宝蓝色羊绒衫、红色羊羔绒外套、黄色羽绒服。越是朔风凛冽，街道上的路人越是都灰头土脸的时候，时装玩家们越要呈现鲜明的相貌。比起黑白灰，人们应该更加注意那些生动的颜色。在这天凝地闭的时期，我们更是要制造热情与阳光，无论旁人还是自己，心情都会随之振奋起来。

冬天要敢于穿白色。当大多数人在实用性前妥协下来，通通选择了耐脏的黑色、灰色和藏青色时，你却身穿白色的外套，这实在是一种出众的时尚精神。除此之外，白色会让厚重的冬装在视觉上更显轻盈，比起大面积深色带来的笨重感，白色单品温柔且不沉闷，在审美上具有绝对优势。

皮革是最古老的面料之一，也是冬季的经典面料。比起皮草的厚重显壮，皮革则要简洁利落得多。皮革单品拥有超强的隔风性能和硬朗的气质，可以轻松提升整个造型的力量感。皮革的面积越大，穿着者的风格表现力就越强。如果担心自己的力量撑不起黑色皮夹克，选择深棕、奶咖色款式是个折中的办法。

越是反自然的材料越有前卫感。用树脂、塑胶、金属这类具有工业属性的配饰来提升整体造型的时尚度，是在日常非常容易掌握的形象技巧。春夏常用轻便的树脂、塑胶饰品，而在冬季，有存在感的金属耳环就是摩登女郎的首选了。

凛冬将至，越是万物萧瑟，越要特立独行。

6

雨 中 曲

　　我读小学的时候就在电影频道看过《雨中曲》——在这部米高梅电影公司1952年出品的歌舞片里，被雨淋得浑身湿漉漉的吉恩·凯利，手持长柄雨伞，心花怒放地在雨中欢欣起舞，街道上的每盏路灯都是他扮演的男主角唐陷入甜蜜爱情的佐证。据说这个片段拍了7天，为了达到拍摄的雨量效果，剧组用了数百加仑的水来维持每天6个小时的人工降雨。

　　这个经典画面给我留下的记忆很深，同时也带给我一些关于生活的不一样的启示：雨天不是坏心情的理由，热爱生活的人在雨中也会跳起舞来。再引申一下——即便是在狼狈的人生境遇里，我们同样可以创造愉悦的时光。

无论常年湿润的大不列颠，还是国内的南方，夏季易多雨，梅雨季节也相当漫长。上一秒还是晴空万里，下一秒就倾盆大雨，在经常下雨的城市里，研究雨天的着装，是一件实用性很高且很有意思的事情。

首先，一定要为雨天准备一把足够漂亮的雨伞。一把好看的雨伞不仅能让你的造型时髦度飙升，还能带来完全不一样的好心情。除了纯色雨伞，我最爱的是透明伞——百搭，和什么着装风格都可以完美匹配，无论优雅氛围还是街头风格，透明雨伞都可以轻松拿捏。相比传统的深色雨伞，透明雨伞没有压抑感，特别是在炎炎夏日，能够随身提供一种沁人心脾的清凉感。除此之外，它和别的雨伞不一样，不会遮挡视线，大大增加了出行的安全。我在日本居住的民宿房间、街道边的便利店、拉面馆里免费提供或售卖的大多是这种雨伞。

我还有一把卡其色的长柄伞，常睡在我的车的后备厢里。无论什么棕色系的服饰单品，它的适配性都超强，并且给人一种浓浓的教养感。纯色伞面稳重，格纹伞面复古。

最后，再选购一把亮色伞吧，浅彩色或者艳丽色都不错。雨天水汽氤氲，天色多沉重，一抹亮色，可以迅速扫去阴霾。

伞解决了，接下来就要考虑身上的其他单品了。

你需要了解一款神奇的雨天面料：PVC，塑料质地，看似廉价，但是防水能力强，也颇具时尚基因。如果你的通勤用品很多，推荐选择一款好看的防水包，即使雨量再大，包包暴露在雨水里，你照样可以安心往前走，实在是省去了一边护着包一边撑着伞的窘迫。

在雨下得大的地方，雨衣就要登场了。现在的雨衣已经不像上个世纪末那样老土了，很多品牌店铺已经推出了摩登的款式，跟风衣、冲锋衣一样的设计，轻便又时尚。雨衣的颜色推荐以白色、米色、蓝色、绿色为主，搭配性强且清爽好看。

下半身的穿搭是重点。

在雨不是很大、路面没有积水的时候，一双皮革鞋子就可以应付。下方收缩的直筒裙、窄管裤也是雨天的首选，整体廓形不要超过伞幅大小，以免被淋湿。有些地方雨量大，普通的鞋子绝对应付不了，所以穿雨靴是必要的。雨靴有低筒、中筒和高筒之分，一般来说，再彪悍的大雨，长度到膝盖以下的位置的雨靴就足够了。

另外，像黑色、藏青色这样的深色衣服可以避免淋湿后的透视和斑驳。我们只需要适当露肤，或者搭配浅色单品，整体就不会沉闷、呆板。

雨天一定要试试穿高饱和度的色彩。在色调灰暗的阴雨天，学会借用亮色系的能量。清新的绿色、鲜活的红色、明亮的黄色放在雨天绝对是利器，它们使穿搭瞬间变得动感十足，一秒打破死气沉沉的状态。

外部的环境只是一部分，内在的心境才是生活的真相。

谁说下雨就不是好天气?

7

雪　国

　　中学时我第一次接触日本文学，是通过川端康成。《雪国》里的一众人物，无论岛村还是驹子，他们的命运就像冬日里飘零的雪花，曾经的暖色与希望最终都沉落在冰冷的雪国里。雪的意象，无论在文学作品还是在现实生活中，都极美且极有艺术性——圣洁、浪漫、唯美、幻想。于是，城市里每年第一场大雪降临的日子，都成了人们心中的一个特别的节日。

　　如何在这场特别的天象中完成形象上的仪式感呢？

　　保暖是基础，氛围感是加持。

为了好看又保暖，你可以考虑投资一件质量上乘的大衣。呢子大衣中最保暖的面料就是羊驼毛，它的成衣比羊毛、兔毛成衣还薄还轻，唯一的缺点就是价格昂贵。开司米大衣同样是非常经典的选择。山羊绒是经历了寒冬的山羊到了春天自然脱落的那层贴身的绒毛，保暖性能强大，触感温柔细腻；但不是所有女士都适合开司米大衣——山羊绒面料柔软，做出来的大衣线条多是优雅的，如果你骨架较大，或者举止洒脱不羁，粗糙、有硬朗感的羊毛大衣或许更适合你。

如果你是一个可爱的女孩子，对优雅没兴趣，也不是少年性情，那就穿上暖暖的颗粒绒外套吧——在下雪天选一件咖色的外套，上身温柔且不厚重，把整个人包裹起来，周身就像披着棉被一样温暖。走在洁白的雪地上，雪花一片片飘落下来，拼命地想钻却钻不进你的脖子里，只是轻轻落在你的睫毛上。在此刻这美好的世界里，你是安静与祥和的。

还有羊绒衫，轻薄，触手生温，保暖效果是针织衫里最好的，也值得入手。

另外，在雪天你还可以把衬衫面料从纯棉换成灯芯绒或者法兰绒，上身体感更温暖，质感上也更有冬天的氛围。

如果一些皮脂少、毛细血管多的部位感到寒冷，那全身就会觉得特别冷，所以要保证头部、手足和背部等的温暖。

头部的保温就靠帽子了。羊毛质地的渔夫帽，是懒人姑娘们的造型利器。除此之外，一顶礼帽能够演绎出一种时髦的教养感——在下雪的天气里，姑娘们戴上一顶顶好看的宽檐礼帽，十分优雅地在街道上踱步，那画面就像约翰·柯里尔笔下的淑女们一般好看。

国内戴手套的人不多，要么根本不戴，要么戴的也是防风御寒的实用款式——毛线的、棉布的、羽绒的，没有太多审美上的考虑。但是我们发现，无论是爱穿短裙的赫本，还是爱穿套装的英女王，无论四季，她们的手套出镜率都极高。实际上，手套是一个非常能够穿戴出腔调的单品，可以大大提升女士们的造型质感。注意，我们挑选手套的时候，可以参考复古海报里的女郎，一定要选择修饰手形的样式，手套越贴合手指，呈现出来的效果越优雅，反之越休闲、粗犷。只要你的城市不是特别冷，一双皮质手套配上羊绒内里，在保暖方面就足够了。黑色手套最经典，白色和奶咖色则是我的最爱。

如果你还是觉得冷，可以悄悄在外套里加一件轻便贴身的羽绒马甲。胸背的温暖叠加，会给你护心镜一般的周全和安心。

　　有人说，米开朗琪罗还没有成名时，就曾用雪来做他未来的杰作——第一代模型大卫。雪的可塑性和不可持续性启发了人类伟大的创造力，艺术家们在转瞬即逝的创造中找到永恒的艺术意义。

　　雪是冬天的仪式。我们为仪式而穿。

PART 5

令人心动的时尚细节

1

/ 复古双子：波点与格纹

在着装中运用历史上出现的经典图案，是聪明的女士提升品位的思路。

波点和格纹，一个活泼，一个沉静，是复古年代最经典的双子图案。

波点

波点又叫作波卡尔圆点，是女士们尝试复古风格很好的切入点。这个元素历史异常久远，最早可以追溯到欧洲中世纪，在法国女性中最先被认可而慢慢风靡，后来一举成为波普文化中的核心，经久不衰。

20世纪50年代，波点迎来了自己的高光时刻。迪奥先生把波点与华丽的A形礼服裙相结合，呈现在New Look里，女性的典雅浪漫被诠释得淋漓尽致。至此世人惊喜地觉察到，波点并不像看上去的那么寡淡。我相信所有姑娘都对迪士尼米妮身上的红裙白波点印象深刻吧，十足优雅，却又明艳奔放。

波点元素一直都在减龄效果上有很好的声誉，同时搭配起来也不需要太动脑筋。波点单品因为其独特的魅力，在造型结构中一定是绝对的中心，所以我一般不用烦琐的服饰搭配它，那样会影响它的表达，只消与各种基础款服饰组合在一起，就很完美。

不同大小的波点呈现出的风格完全不一样。通常来说，大波点会奔放浪漫一些，而小波点会相对保守一些。

大波点的存在感比较强，向来是各式Vintage（复古）画报女郎们钟爱的波点样式。能驾驭大波点的女性，她们的眉眼气质一定是成熟沉稳的，大波点的韵味势必需要穿着者用相同的气场来配。

小波点对比大波点，整体气质是小家碧玉般的灵动与雅致，更适合那些温柔娴静或者娇俏活泼的女性。

波点元素的运用可以相当灵活，不一定非要是大面积的单品。如果你平日里穿搭比较单调，以素色为主，随便一个波点服饰就可以提升整体的复古腔调。一条夏日里的黑色吊带裙，单穿实在有些乏味，如果在颈部系上一条漂亮的波点丝巾，一瞬间，电影感就出现了。

穿着波点裙，在舞池跳着最复古的波尔卡舞曲。这会是一个浪漫至极的夜晚。

格纹

有年秋天，我把餐桌布同款的红色格纹穿在了身上，誓要为经典格纹洗去老土的偏见。周围的女性朋友很多不喜欢格纹，觉得刻板又僵硬，"'男人衫'嘛，没有一点女人味"，特别是一见到红格纹，更是退避三舍。所以我敢打赌，此刻你的衣橱里一定没有一件红格纹衬衫。

很多人知道格纹经典，但不知道经典在哪里。作为大不列颠帝国历史传承的典藏，格纹甚至和莎士比亚戏剧、皇家礼仪一样古老。刚进大学那年，10月的晚上，我坐在公共阶梯教室的角落，热泪盈眶地盯着投影幕布，梅尔·吉普森在电影《勇敢的心》里喊出那一句振聋发聩的"Freedom"，那个夜晚，全场所有一年级新生都记住了苏格兰民族热爱自由的不羁灵魂。所以，苏格兰男人能穿上格纹裙子也就不奇怪了。在那个时候，不同家族、不同姓氏的人穿着的格纹都不一样。不能不承认活在过去的人总是讲究一些。

在维多利亚时期，格纹的流行达到全盛。在吸收了英格兰精致严谨的气质以后，格纹呈现出更加低调与经典的风格。像我的那件衬衫，维希格纹排列整齐，密度一致，层次奇妙，特别优雅和内敛，同时红色又赋予了衬衫别样的活力。

秋冬氛围的时髦元素中，格纹是主打，它是历届时装设计师的心头好。

不光在秀场，在人们的日常穿搭中，格纹单品的实穿度也非常高。格纹本身就具备丰富的层次感，更适用于秋冬的叠穿搭配，风格沉稳，且能提供英伦氛围的故事感。

格纹衬衫是经典的单品，可以包容各种年龄，无论内搭还是外穿，都非常有古典气质。

裤装是最能体现格纹休闲感的单品。秋冬的衣橱里，配置好黑白灰三色西装裤，另外加一条复古沉静的格纹西裤，一周的通勤造型就可以不重样。格纹裤上身更容易彰显品质，以至于赫本和戴安娜王妃都钟情于它。因为它比纯色的裤装更多一份玩味和贵族气息。西装格纹裤服务于职场造型，那么宽松格纹长裤就属于下班的休闲时光了，搭配慵懒的毛衣开衫，即可解锁属于自己的文艺属性。

格纹西装外套同样是衣橱经典单品。大名鼎鼎的威尔士亲王格纹，曾在西装这件单品上大肆应用，风靡全球。

如果你有幸去伦敦游历，只身前往贝克街221号B，记得系上一条红白格子围巾，没准你就能敲开那扇门呢。

2

住在珍珠里的人生

我是一个珍珠饰品的重度拥趸者。

家里常年有两处首饰们待着的地方：一处是北美黑胡桃木的多层盒子，用来归类存放和防止各类首饰氧化；另一处是我卧室里的缎带首饰托盘，也是胡桃木色的，用来放取我日常佩戴的饰品。时间一久，我发现托盘里的常客都是各色珍珠单品：珍珠耳钉、珍珠混金耳环、珍珠项链、珍珠戒指……珍珠们的至高上镜率让我意识到，我早已被它们的魅力攻陷。

女性总是会在一定的时候开始喜欢珍珠。很神奇。

在不少人的固有印象里，珍珠是一种上了年纪的配饰，好像只有妈妈辈奶奶辈的人才会选择佩戴珍珠。这可真是个大谬误。珍珠才不是什么老气配饰，它温润静雅，甚至在审美历史上和纯真的少女感是紧密联系的。

维米尔于1665年创作了《戴珍珠耳环的少女》，这幅荷兰的国宝级名画，展现的是一位身着棕色衣服、露出白色衣领、佩戴黄蓝色头巾的少女。少女左耳佩戴的珍珠耳环，正是和少女的贞洁与无邪相呼应。

戴安娜王妃一直喜爱珍珠首饰。她嫁入英国王室后，受赠了英国女王的那顶不一般的"珍珠泪"王冠，同时还有一件异常漂亮的珍珠大衣。珍珠无疑是皇室女眷的标配——白天的正式活动不宜太华丽张扬，其他珠宝都不够得体，只有珍珠，它柔和的光泽在任何场景都不会过分高调，但又足够高雅，衬得起她们的身份。

过去，因为市场上流通的只有天然珍珠，所以能买得起戴得起珍珠的人，往往非富即贵。也因此，在人们的印象中，佩戴珍珠首饰的女性总给人一种"贵妇"的感觉。在印度的莫卧儿王朝，皇室贵胄甚至把珍珠串成链条来装饰他们的服装和腰带，甚至地毯，处心积虑地把珍珠牢牢地打上"上流阶层"的标签。

很多普通女性习惯把珍珠存放着，只等出席重要场合时才拿出来装扮。但如果珍珠不能进入我们的日常生活，那我们也失去了佩戴它的乐趣。

珍珠本应该是充满各种创造力与想象力的，并不是只有洋装和礼服才配得上它。想要摆脱珍珠首饰的过于传统的佩戴方式，就需要着装足够随意，甚至出其不意，才能为珍珠彻底换一种风格。

一个朴实的白T恤配牛仔裤造型，因为珍珠项链的加入，就会立马精致起来，而服装本身的休闲属性又保留了随性的气质；前卫硬朗的机车外套，配上珍珠项链，那种冲突感实在是时髦极了，就像是不愿被教条束缚的叛逆淑女一样。

珠子的大小也很重要。年轻女性通常衬不起大颗珍珠的雍容华贵，她们更适合直径较小的珠子，显得精致俏皮。

关于珍珠的材质，在专业的珠宝收藏者和贵妇们的心里自然是有一条鄙视链的——海水珠就是比淡水珠高级，浑圆珍珠就是比异形珍珠值钱。但是如果你把自己定义为"把珍珠当作配饰，而不是首饰"的时装玩家，大可不用太纠结珍珠的质地甚至真假。香奈儿早在一个世纪前便堂而皇之地佩戴大串的假珍珠，"让女人不必再根据丈夫或情人的财力购买首饰"，后面就连追随她的杰奎琳最爱的三股珍珠链也是仿珍珠。

不是只有浑圆的真珍珠才是女性的挚友。

棉花珍珠，是从日本兴起的一种珍珠式样。严格来说，棉花珍珠并不是真正的珍珠质地，而是天然棉花经机器压缩成球状后加工成的。我有两对棉花珍珠耳钉，分别是12毫米和18毫米大小，小的用来日常点缀，大的用来装点极简造型，轻便时髦，简直是我的第一心头好。我在逛大阪的首饰配件市场的时候，见过大大小小尺寸的棉花珍珠躺在木质展示柜里，价格低廉，主妇们都是一把一把买的。

巴洛克珍珠，又叫异形珍珠，因为不完美的样貌和当下尊崇个性的时代声音相呼应而大受欢迎，它们颜色各异，形状却独一无二。我有一位非常美丽的女友，几年前她在深圳创立了自己的手作品牌。平日里她最喜欢的创作材料就是大小不一、造型丰富的巴洛克珍珠，尤其和银质搭配起来，温柔质朴却又浪漫非常，灵气十足，每每在周末的创意集ee集上都大受欢迎。

　　今天，你佩戴珍珠了吗？

3

比情人更柔情蜜意的围巾

2001年的电影《珍珠港》里，在王牌飞行员雷夫要离开美国上战场的前一天，面对爱人这趟有去无回的行程，伊芙琳噙着眼泪把自己的白色围巾戴在了他的脖子上。

这个镜头是我记忆里属于好莱坞的为数不多的几个告别桥段之一。

围巾是一个很有情感属性的配件。呵护、温暖、包容、守护——这和恋人的特质深度吻合。所以无论在国内还是在海外的社交语境里，赠予围巾都是一件极其浪漫又有意味的事。

围巾的季节性和实用性都很突出。冬天我们佩戴其他东西或许都有可能显得做作，唯独围巾的出现顺理成章，宜情宜景。

除了基础保暖，围巾在整体形象上有着丰富的功能：增加风格细节，强化氛围感，优化脸部轮廓，参与造型配色。

想象一下这个画面：在绿皮火车的车厢里，一个穿着棕色麂皮外套和牛仔裤的姑娘安静地坐在车窗旁，眼睛坚毅地看着远方，窗外是一望无际的戈壁沙漠，如果这个时候再给她围上一条沙色的流苏披肩，那么一种流浪的波希米亚风情就呼之欲出了。

不同的色彩，围巾会有不同的风味。

基础色围巾，黑白灰棕，经典百搭。我着重聊一下黑色的围巾，不光是黑色纯色，黑色花纹或带黑色元素的围巾都有很不一般的色彩功能。黑色在配色效果上有着"一统江山"的霸气——无论你身上多么花红柳绿热闹非凡，一件黑色单品都可以把所有嘈杂统一、色感集中。另外，亚洲人的发色和瞳孔多是黑色的，所以在和黑色围巾组合的时候，视觉上会天然地和谐。如果你不喜欢纯黑的死板，那么黑色的棋盘格、千鸟格是不错的选择。整个棕色系围巾都很有时光效果：驼色、咖啡色、巧克力色，不仅能呼应秋冬的季节氛围，还能营造旧旧的复古腔调。

重点色围巾，无论饱满的姜黄色、清新的叶绿色，还是馥郁的玫瑰红，又或者是魅惑的午夜蓝，都能让整个造型生动起来。如果你不喜欢太高调的表达，那就把饱和度降下来一点，暗一点的酒红色和墨绿色，真的很适合12月的冬天。

基础色单品通常是配合风格的，而重点色单品则是塑造和强化风格的。

再聊聊面料的表达：
羊绒围巾，优雅细腻，都会感十足；
毛线围巾，随性休闲，化解板正，减龄功效突出；
皮草围巾，华丽成熟，提升存在感和人物气势。

女士日常会用呢子大衣或者羽绒服搭配围巾，没什么新意。左不过是优雅叠加优雅，舒适叠加舒适而已。我个人喜欢的一个搭配组合是用皮夹克搭配围巾，那真的很时髦。冰冷的皮革碰撞温厚的围巾，硬朗拥抱柔软，亮光衬托哑光，叛逆遇上务实——这个组合的化学反应实在是精彩，戏剧冲突十足，会让穿着者的风格很立体。

除了普通的长条式样，围巾还有一个很有舞台感的款式：斗篷或披肩。纪梵希先生曾为赫本设计过一个白色纱裙配绿色披肩的造型，影片中的赫本一边款款走下楼梯，一边欢快地摇动着裙摆，就像一只裹着绿羽衣的白天鹅。正是因为披肩款式的存在感极强，所以我们在选择和它匹配的单品时，务必保证它的主角位置，下半身尽量保持利落，不要烦琐和拖沓。

冬天的围巾是你的第二个恋人。还有，在任何时刻，不管你此刻正处在爱情的哪一个剧本里，都别忘记照顾好自己的温度。

4

包袋：经典更重要

1984年某天，英国女歌手Jane Birkin带着小女儿乘坐法航前往伦敦，不小心将编织藤篮里的奶瓶、尿布掉出，散落一地，很是狼狈。正因为目睹了这一窘迫，她邻座的男士，时任爱马仕首席执行官的Dumas，即刻决定为她量身设计一款符合母亲期待的包袋。

上面这个桥段是著名的柏金包的故事。虽然流传许久，但每次拿出来给女孩讲的时候，她们都会为之动容。女性是天然喜欢听故事的，我很早就懂得这个道理。13岁第一次看《茶花女》，小仲马多次着墨提到玛格丽特的开司米披肩，那时，这个单品就在我心里打上了滤镜。

为故事买单，是聪明的品牌一直深谙的女性用户心理。

于是各种各样浪漫瑰丽甚至天马行空的故事被炮制出来，连同好看的设计一同贩卖给女性。但是仅仅因为被植入了感性就大肆购买，而不考虑单品在生活中承担的审美和实用上的功能，我们就会陷入混乱和不必要的浪费——尤其是像包袋这样生命周期很长的配件。

如果你不是时尚爱好者，其实只要拥有几款经典的包袋，就可以基本覆盖所有的生活场景了。

托特包

托特包，绝对是实用性包袋的王者。因为装载量大，装得下所有生活的嘈杂和琐碎，所以深得人心。无论通勤还是旅行，它都非常贴心。我每次去咖啡馆办公或者和家人出行的时候，用的都是托特包，因为真的太方便了。日常会用皮革款式，夏季会选帆布款式，它在面料体验上更有呼吸感，颇有度假的氛围。

很多女性出于搭配性的考虑，首选就是黑色托特包。实际上，本身体积较大的包型再叠加黑色，在视觉上的呈现非常沉重，对大部分骨骼小巧的亚洲女性不太友好，会给人一种生活艰辛的感觉。其实棕色、白色托特包同样百搭，而且更轻盈自在，有一种随性自然的美。

柔和廓形包

我们行走职场、约见客户，或者参加好友聚会的时候，需要一些温柔低调的包。因为场合和氛围的需要，这些包的颜色不能太艳丽，艳丽则不稳重；线条不能太尖锐，尖锐则不亲和；裸粉色、灰绿色、豆沙色就很好，黑色不太合适，因为自带气场，会给人一种很强悍的印象。这种包不光可以服务于商务场合，还可以应用到休闲的节假日——因为没有明显的锐角，所以和松弛的牛仔裤、条纹衫都可以亲密融合。

黑色简约包

黑色包存在的意义真的不仅仅是百搭。黑色在视觉上有一种超强的聚拢能力，无论你身上多么花里胡哨，一个黑色的包立刻就能让画面干净起来，因为它提供了一个很有分量的支点。这个包不用太大，能满足你的基础出行需求就可以了，甚至刻意小一点会更灵动。

棕色复古包

棕色包，永远不用担心过时。棕色属于基础色，比黑色更温柔和亲切，自带复古气质，文化感、品位感全都有，也是英式复古的代表色。春夏秋冬我都背棕色包，秋季更加应景。搭配牛仔特别好看，方形包最经典，信封包、剑桥包这些古早的款式最适合棕色的旧调调了。其实，我觉得豹纹的配件也是很百搭的，它整体属于棕褐色系，和基础色的服装都很相衬。我有一个Kate Spade的豹纹手提包，穿西装、风衣、大衣都很好配。但毕竟是动物纹，比较有个性，如果你是从事比较严谨的工作，譬如就职于律所或者公务单位，最好还是不要使用豹纹。

其他我还想说的

买包是一个策略性的规划。在不同的人生阶段、职业阶段，买包都应该匹配当下的具体需求。

　　年轻女性一般收入相对不高，大可不必透支好几个月的工资去奢牌店添置行头，在商业街里面也可以选得到质感相对可以的款式，青春总是无敌的，不是吗？主妇们在这件事情上也大可以乐得自由，没有条条框框，心随我动就好。如果职场属性比较强，或者在事业晋升的重要时期，我认为，女性为自己投资一个较为拿得出手的真皮包袋是很必要的。除此之外，我们需要清楚地了解，越重大的场合，使用的包袋越应当采用品质较高的皮质，譬如小牛皮、小羊皮。优良质感的包袋单品旨在提升女性整体的气场与品位。但是鳄鱼皮、蜥蜴皮、鸵鸟皮这类皮质过于高调，而且不够环保，不在我的推荐范围内。

　　不同场合需要穿着不同的衣服，包袋也一样。去面试新工作，如果你携带的是一个没有筋骨的包袋，往桌上一放，整个包的形状瞬间塌下来，就会让对方感觉来者很不利索。皮质硬挺、色彩低调的包会是更好的选择。假如要去户外，就挎上比较休闲的包，随性自然；如果要约会，那么一个轻便精致的小包会衬得你更温柔。

最后一个因素，是很多女性很在意的——那就是包袋本身是否耐用和容易打理。PU材质不耐划，且显廉价；麂皮弄脏后清洁难度高；尼龙包的边角容易磨损……秉承着"老友般持久存在"的时尚精神，真皮材质依然是我的第一推荐。

5

情迷 Vintage：复古精神

我总是会对穿着复古的人有天然的好感。也许是因为当下摩登当道，在挤破头追逐潮流的大众中，能立住自己、守住自己的意趣的人总是不多的。从喧嚣的主流审美中选择旧式审美，这本身就是一种有门槛的带着文化眼光的筛选。

实际上，复古在着装上体现的就是一种"持旧"精神，抛开当下，回归过去某个年份的风格。回望过去，每个时代都有自己的审美——维多利亚时代的繁复与精致，中世纪的禁欲与保守，装饰艺术派时代的金色线条与几何印象……整个人类历史中可以被我们观赏并取用的服装文化，就像一本躺在古老阁楼里封藏多年的典籍，厚重而又精美绝伦。

如何拥有复古的穿着体验？有三种方式。

一种是选择"以××年代为灵感来源所设计的服装"。这类服装经常出现在各大品牌致敬某年代的成衣秀场上。除此之外，国内的各种改良式旗袍也算这类。一种是选择复刻服装，这类服装通常是找到相同或者相似的面料和配件进行还原生产的。复刻程度越高，东西越昂贵。除了服装，珠宝也可以复刻。第三种，就是直接穿戴那些穿越时光的旧物。

任何"年龄"超过15年的单品都可以算作复古单品。

很多欧洲国家都有许多成熟的古着市场，譬如伦敦的Portobello Market。我的配饰盒里有两对不常戴的耳环，一对是巴洛克黑金造型的椭圆款式，另一对是非常少见的金色船舵样式，都是店主从佛罗伦萨背回来的。

在上海，我常会到南浦大桥附近的一家中古店逛。老板娘长期在日本居住，对vintage的经营非常有经验。在这里，偶尔会碰到一两个时尚博主过来挑货。运气好的话，还可以遇到几件一见倾心愿意为之倾囊的古董稀有款，所以撞款的概率很小。女人的生活里总是需要那么几个"不能复制",好来标榜自己独一无二的眼光,更别说处处需要标新立异的时尚界了——这个领域的所有人一辈子都在处心积虑地干同一件事情,就是不断证明自己的品位。

英格兰东北部的泰恩河边,有一位古着收藏家,同时也是一名男装设计师,他叫Nigel Cabourn。40多年来,他一直强调自己是男装设计师,而非时尚设计师,因为他做的服装不受流行趋势的影响。他把收藏古着当作私人爱好,同时也从中汲取设计灵感,尤其是英式复古和美式工装。他在接受采访的时候表示,希望把自己的古着传给后代——将沾染了长辈的精气神的服装传给下一代,让家族气质得以延续。真是太有腔调!

2023年我接到一个法式复古设计师品牌的邀请,主办方以"午夜巴黎"为灵感,在一家复古酒店里策划了一场流光溢彩的派对。身着华丽的模特们在氤氲的夜色中缓缓踱步,俄罗斯转盘边的绅士们端着香槟杯谈笑风生,拍卖会上笑声不断……我选了一条Flapper dress陪我,这是一条正经八百来自1920年代古董丝绒裙的百分百复刻,经典的H廓形低腰设计,在那个时候是摩登代表。一战结束后,人们希望尽快摆脱战时的痛苦记忆，便倾城投入了纸醉金迷的享乐时代。与其说是享乐时代，不如说是大家害怕美好时光转瞬即逝，恐慌极了要抓住幻宴一场。看，和此刻21世纪的这个夜晚多么相像。

实际上，复古可以是一种多元且复杂的态度和生活方式。在我的标准里，不光是服装，在我们生活中的每一处细节、每一个物件、每一个行为，都可以融入复古的态度。

譬如所有人都习惯用键盘记录生活的时候，你却手执一支黑色的钢笔，字字顿在散发烧焦味的牛皮本子上，那此刻的你就是复古的。莱俪的"墨恋"之所以大获成功，就是因为这瓶香水完美重现了古老书房的阴暗调调——角落里一架有故事的黑色钢琴，书桌上几本淋湿了的厚皮书，空气里弥漫的植物根茎的潮湿气息。譬如在流感季节，所有人都在用着花花绿绿的便捷纸巾时，你从口袋里掏出来的却是一方淡蓝色的方形手帕。譬如夜晚都市人群都在酒吧里随着潮流舞曲摇摆身体时，你却在家里温一杯红茶，听着1980年代皇后乐队的黑胶唱片，那张伟大的 *Greatest Hits*。

喜欢古着、喜欢复古文化的人，他们的复古精神通常也不单单表现在着装上。他们的生活方式与择物标准，无一不透露着对经典的崇敬与渴望。这群人还原的从来不只是服装，还有对持久的生命力和老故事的崇敬——皆来自一种别致的心境与岁月的回望。

6

香水：时装的最后一道工序

在我们的生活中，或多或少都接触或者使用过香水，不同的气味带给我们的体验和记忆是不一样的。但是我发现，在国内迄今为止，很多女性并没有启动，或者说没有完全启动自己的嗅觉审美。

气味有一种时空的穿越能力，它甚至比视觉有更加代入的感染力。譬如温润的泥土味、被弥漫在空气里的刚刚修剪的青草味、海水的咸湿气息、玫瑰花瓣的清甜味——这些气味都可以让你一秒回到山野、海边或者花园中。

很小的时候我和爷爷奶奶住在一起，家里露台上养着很多茉莉，午后总是飘来淡淡的清香，所以直到现在，我每次闻到茉莉香的味道，都会想起爷爷奶奶，想起那段我们一起生活的旧时光。

索伦·克尔凯郭尔在他的《人生道路诸阶段》（*Stages on Life's Way*）中写道："将回忆封存，就如同把香水装进瓶子，将香气也一并封存。"

有个秋天的下午，我在一个街边的家居店偶然闻到了一个温厚的香味，顿时让我想起了学生时代的一段小插曲。那是高中时参加校运动会的我，作为班级宣传委员要接连写三天的广播稿。10月下旬在操场外坐着写稿委实有点冷，同班一个特别绅士的男同学把他的校服外套给了我，当时他的校服上就是这个味道，一点点的茶香，一点点的木质调。

所以，这个嗅觉片段承载着多么美好的青春记忆呀！

另外说一下，这个男生直到现在一直保持着较好的品位，从中央财经大学毕业后进入投资领域，拥有了一位美丽的太太和一个幸福的家庭。

画面和声音会触发回忆，但代入感有限，而气味会触发内心的情绪记忆，让人第一时间穿越到现场，成为当时的自己。譬如面馆里沾满油渍的抹布气味，刚在阳光里晒过的被子味道，又或者爱人手指的烟草味。

所以，唤醒嗅觉的审美潜力，会打开一扇新世界的大门，大门后面惊喜无限。

挑选香水和搭配衣服一样，性感张扬的女人能够驾驭更有个性、强力持久的香水，而含蓄传统的女性在挑选香水的时候需要相对慎重和保守，宜使用更柔和淡雅的味道。

我有一本"闻香录"，它记载了我闻过每一种香水后的感觉和联想——我坚持用最直白感性的文字去记录，因为我知道人的记忆力有限，这些笔记可以记录我的闻香轨迹，哪些是闻过的，哪些是想要去闻的。

香水和服饰一样，也有很多动人的浪漫故事。

1925年，历史上第一款东方调香水诞生，就是著名的"一千零一夜"。炽热的焚香混合着甜美的香草味，香料里繁花似锦，更诉说着印度皇宫里沙·贾汗皇帝亘古不变的痴情。当初我听到这个故事的时候，也被深深感动。艺术存在的某种意义就是为了祭奠人类炽热的感情吧。服装、音乐、香水、绘画、建筑，无一不是如此。

给自己穿上最后一层"衣服"，wear perfume，会让你的造型更加完美。而这最后一层"衣服"，春夏与秋冬各有讲究。

先说春夏。

满怀欣喜翻出轻盈裙装的春夏，万物瞬间复苏，自然的能量全部打开——这是属于花香调、果香调和海洋调的主场。

爱马仕的屋顶花园。

携着心爱的小猫，穿梭于春日的城市，需要带一点点甜，带一点点艳。这是一款很明亮坦荡的香水，你可以闻到花草的层次和水果的新鲜。

蒂普提克的无花果。

蒂普提克是我很喜欢的一个香水品牌，它的香水很纯粹，我跟好几个朋友都推荐过它的檀道。这款无花果是非常青绿的类型，椰子味悄悄藏在一片揉碎的无花果叶里面。

拜里朵的纯真年代。

这是这个品牌的第八款香水。我个人觉得它其实不太挑季节，比较百搭，有比较清晰的皂感和白花香。

Terre，爱马仕的大地香水的清新版。

这是一款男香，但我觉得给独立自信的女性用完全没问题。和原版大地的沧桑厚重不同，Terre更像一个白衣少年，从充满紫苏和柑橘的雨后清爽走来。不喜欢甜美的女士可以尝试这一款香水。

MiuMiu的春日花园。

这款香水体现了大多数人对春天的想象——清新美好、甜美朦胧。只是我一直不喜欢MiuMiu的瓶子，审美无感。

三宅一生的气息。

这款香水里有着树叶汁液的味道，也有茉莉和风信子的清香。

帕尔玛之水的经典古龙水。

帕尔玛之水很擅长海洋风和度假风，本来就是意大利的香水品牌，所以和生在那里的服装品牌有相似的美学基因，长在地中海的阳光下，很是灿烂明艳。这款香水的柑橘味道很突出，皂感也比较明显，给人干净的感受。适合和爱运动的伴侣一起使用，活力满满。

再说秋冬。

雨天也罢，落雪也罢，暖阳也罢，秋冬就是为读书而生的季节。读诗，读传记，读一切你想了解的情感与故事，无论荒诞或者平庸。假若在室内再燃一支温馥的柏木香薰，那便是极好了，就像是在一栋19世纪的古老建筑里做客般身临其境。若你不爱香薰，便可以抹一些应景的香水在身上。

冬天的寒冷空气让分子运动变慢，也让我们的味觉和嗅觉变得迟钝，所以秋冬的香水需要更加有力量和穿透力。秋冬用香和着装的美学逻辑一样，让自己看上去温暖厚重是正确的解题思路。

香调选择上，首先是东方调和木质调，因为它们质地温厚，一到冬天就会化成暖流包裹着身体。其次就是美食调和皮革调，食物的香气和旧时光的氤氲，很有味道。这些香调都会唤起热的共振，拉近你和周围人的距离。

宝格丽的红茶。

这款香水里最妙的就是中后调的粉红胡椒，把奶茶味衬托得很甜美温暖。

拜里朵的灰色天鹅绒。

开头是美味的奶油椰子，一种经典的美食调，奶香轻盈，中调很柔软，后调麝香的味道又带着些许诱惑的蠢蠢欲动，喷上就像睡在白白的棉被里。

芦丹氏的五时姜香。

它很适合用来怀旧，一分肉桂，一分红茶，一分香根草，相信有文艺体质的你会爱上这种烟雾缭绕的感觉。

迪奥的华氏温度1988。

它实际上是一款有迷人皮革味道的男香。在香水的选择上，和服装一样，我不太关注性别的归属，就像我经常去男装店买衣服一样。男香中的干燥、力量感有时候特别能衬托女性的味道。

爱马仕的大地。

这款香水虽然太多人在用，但我还是会推荐。温暖的质地就像被一个成熟稳重的大叔拥入怀中，不再寒冷和胆怯，安全感十足。

马丁·马吉拉的壁炉火光。

这款香水的感觉和它的名字一样，屋外下着大雪，屋内在壁炉前取暖，吃着姜饼，喝着热红酒，悠闲地度过冬日时光。

另外，秋冬用焚香，也会营造很不一样的氛围。焚香偏热感，具有很好的层次感，所以如果你想与众不同，不妨练习去驾驭焚香。焚香对使用者的穿着与气场有较高的要求，是一种经典的进阶香料，俗世焦躁的心境是无法把焚香用得漂亮的。

芦丹氏的孤女。

前调冷，后调的焚香起来后，很惊艳。这是带有宗教感的一款香水，很有态度。

阿蒂仙的冥府之路。

喷它在围巾上，暖暖的檀香和香根草的味道，让人即使走在冷风里也觉得温暖。焚香和麝香一直把握着气味的主调——纯白教堂、清晨阳光、福音呢喃。

还有哪些可以尝试的气味?

喜欢女性味道多一些的女士可以用玫瑰调的,譬如祖马龙的丝绒玫瑰与乌木,大马士革玫瑰与烟熏乌木的组合,给人沉静和温暖。

或者试试汤姆福特的灰色香根草,这款男香,充满英伦绅士的味道。

还有芦丹氏的大写檀香,它能给你冬天最安稳的气息。

闻香不需要太大的代价,不需要一瓶一瓶地买,柜台的试香纸为你提供了很好的练习阵地。除此之外,偶尔用一杯星巴克咖啡的价钱,就可以感受到好几款分装香水的魅力了。

有位笔下诞生无数绝代佳人的宗师曾经说过,女人的美,说到底是一种氛围。所以我们能花心思调动视觉的同时,为什么不调动嗅觉呢? 美,从来都是一场立体的感官之旅。

PART 6

时尚的前提

1/

/时髦，是见识的积累

大学毕业后，我从法律行业一脚踏入形象领域，纯属偶然。前者理性、遵循原则、条条框框，后者感性、非标准化、变化万千，真的是两个平行世界。

刚入行时，我曾经一度自我感觉良好，这种感觉来自"我自以为掌握了一种审美的高级视角"。这种视角包含以下不容撼动的标准：色彩应该低调，线条应该简单，图案应该克制，妆面应该淡雅，等等。

后来我才发现自己恪守的这套风格只是千万时尚样本中的一个。站在东京街头，我看到涩谷女孩的浓烈，下北泽女性的文艺，新宿姑娘的百变，六本木女人的精致，惠比寿女士的贵气，秋叶原女生的软萌，原宿女孩的混彩，表参道名媛的艺术气息——东京二十三区，每个区的女性群像竟然都不一样。

在开始觉察到自己狭隘的那一刻，我真的很兴奋。兴奋源于我终于意识到狭隘，并开始主动把自己纳入这样一个丰富多元的世界里。

所以，当你发现自己当下只能欣赏一种或者两三种风格的时候，得特别注意了——说明你目前的审美包容性还很有限。有能力欣赏不等于一定要拥有。你可以不这样穿，但你可以提供足够的审美理解并能从中获得人文精神的拓展。譬如时装秀场上那些怪诞诡奇的设计师作品，作为普通人，你并不会穿它们，也无须尝试去看懂它们，只要努力感受作品背后的情感而不是随意评判就已经足够尊重。

这两年随着新生代的成长和话语权的获得，多元审美已经开始慢慢通过公众意识的转变渗透进商业。譬如全球知名内衣名牌——主打"曲线审美"的维秘被收购，蕾哈娜主理的内衣品牌却因为摈弃单一的"性感标准"、尊重女性身材的多样性而获得市场认可。

我们暂且把大众普遍能接受的一个美的尺度叫作"基础美"。面对基础美的事物时，我们不需要花费大的精力，不需要调动想象力和文化理解便可以欣赏、感受到美的愉悦。而事实是，一旦你欣赏基础美的状态成为惯性，审美敏感力就会越来越弱，最终会失去美丑辨别能力，或者对更丰富的美的识别能力。

温柔的、抒情的、缓和的东西（不管是服装风格还是音乐或绘画风格）都是最容易接受的。

优雅的造型人人能欣赏；

轻音乐人人听着都舒畅；

达·芬奇的《蒙娜丽莎》人人看着都觉得美。

这是比较容易的审美。

哥特的造型你看不顺眼；

雷鬼音乐你觉得是鬼哭狼嚎；

亨利·马蒂斯的画你认为是醉酒佬的涂鸦。

离开基础美的尺度，就无法接受了。这到底是人的问题还是作品的问题呢？

当发现生活中的一些事物，它们有市场且合理化地存在，而你现阶段又欣赏不了的时候，就是你提升美感的契机。

尝试去欣赏那些我们眼中破碎的、不对称的、颠倒的、晦涩的、难以理解的东西，毕竟那些能进到我们认知里的东西，最终会决定我们未来去到的地方，层次越丰富，人生的可能性越大。

如果把当下的自己当作品位好坏的裁判，就会走入一个逼仄的墙角。这世界上每个人都有自己存在的意义和方式，可以是热闹的也可以是安静的，可以是摇滚的也可以是佛系的。所谓的"坏品味"很可能给你惊喜，而好品味也可能无趣。经常保持对"旧我"的反省，会让你获得更广泛的审美和快乐。

生活也是一样，如果你的朋友们都和你很相似，恭喜你，你已经拥有了一个很舒适且很容易获得认可的圈子；如果你的朋友们都各不相同，领域跨度很大，有媒体人，有艺术工作者，有律师，还有自娱自乐的手艺人，那么更要恭喜你，你已经成功拥有了一座人生宝藏：你的认知更新会很快，也会更容易拥有创意和丰足——个体的能量和视角终是有限的，你将在他人的生命里看见更繁荣的自己。

我一直认为，所谓时尚，并不仅仅是看几场秀、浏览几位Fashion blogger、买几件衣服那么简单。就像美，并不仅仅指的是好看的脸蛋。否则透过美丽的外表深入接触后，迎来的很可能是一句："美则美矣，毫无灵魂罢了"。这样的美，有些无味。同样的道理，时尚也不仅仅存在于时尚界。好的文学作品，往往能帮助你获得一种生动的活力。相信我，通过大量的阅读后，精神上获得了二次发育，你将不再是毫无生气的平面美人，而是拥有了立体动人的灵魂。

刚上班不久的年轻女孩，或者在同一个单位工作很多年的职场人，一脸的单纯，没有阅历感。我回头看自己25岁时的照片，整个人的状态很弱，精气神都不够昂扬。那个时候没见过世界，没栽过跟头，未经历过磨难、人情冷暖，更未在家庭、事业中磨炼自己，没有气场可言。气场是一种微妙的存在，可以大大提升一个人驾驭服装的能力。女性穿衣的时候，一定要体察自己当下的能量，看看是不是可以匹配。要么换一种造型思路，要么努力提高自己的气场，多磨炼。

彻底打通着装的思路，我们可以在四个方向去积累。

穿着体验的积累。

这个色彩我穿着显俗气……

这个面料抗皱性不太好……

偶尔穿一下 L 号好像比 S 号更有味道……

这种裤型显腿短……

我戴帽子好像也没那么难看……

单品认知的积累。

原来马甲这么好搭配……

平底鞋也可以穿得很好看……

渔夫帽看起来很文艺……

冬天更适合粗花呢大衣……

服装文化的积累。

波普艺术，波希米亚，50 年代的 Golden Age，格蕾晚装，古典艺术流派，DIOR "新风貌"……服装从人类诞生起，就开始书写宏大的历史并不断衍生瑰丽的文化。如果能走入服装的内核，而不是停留在浅薄的穿搭技巧上，将有利于你对服装建立完整的理解，建立属于自己的审美系统，从而有能力创造和驾驭更有质感的风格。

人的积累。

尽管全世界都在推崇巴黎女人，尽管所有人都爱奥黛丽·赫本的优雅，但是过度践行优雅准则不是个好主意。勇于推翻、偏离规范，是属于我们的权利，更应该是我们的追求。我们不光可以成为赫本，还可以成为梅丽尔·斯特里普，成为裴淳华，成为海伦娜·伯翰·卡特，甚至成为任何一个特立独行的女性。

时髦，终是见识的积累。

2

建立私人化审美

英国作家琳达·格兰特说:"唯有婴儿不在乎自己的模样,只是因为还没有给他们一面镜子。"

我们会发现,在很多油画作品里,都有一个常见的主题,一个天真烂漫的姑娘,或者一个温婉恬静的庄园主妇,又或者一位珠光宝气的伯爵夫人,在痴迷地照镜子。《宫中档簿·圣容账》记载,慈禧太后就有一张自视的照片,照片里她已年近七旬。这位爱美爱了一辈子的西宫主人也是手持铜镜,凝神聚目。

不可否认,所有人在人性意识被唤醒之后,就开始做一件事情,那就是"审美",这种审美最初就是从关注自己的外貌开始的。无论人类是否愿意承认，在大部分情况下，我们都是以貌取人的动物。而女性身上细腻敏感的情感倾向，会使她们更加习惯把自己和这种审美紧密地关联起来，你我都是。

过去我对自己没有什么安全感，想得到更多人的认可、赞美，长期处在一种极度敏感的状态下——脸颊出现的斑点、无法消弭的痘印、不够纤细的胳膊都会纠缠着我日夜不安，这大概是很多女人的通病吧。随着自己慢慢成熟起来，我发现，拥有风格比起拥有所谓的完美更值得我去追寻。于是在日常化妆的时候，我越来越少地使用遮瑕和修容产品，摄影师有时候把我照片上的下颌骨偷偷修掉的时候，我都会很认真严肃地让他改回来——"我只希望这个是我，不像任何人。"这对于我来说意义重大，这是一种需要坚守的风格和尊严。

完全接纳自己后，便有更多的时间和精力聚焦于自己的热爱，这样的状态越来越好，人也越来越坦然，毕竟越在意什么，就越会被其所困，放下了以后，反倒自在欢喜了。

大部分女性在形象上不具有天然的觉察力，好在越来越多的人开始接触和学习形象管理，开始了解自己的社会形象是可控的、可塑造的。相比于系统地学习和探索，在单一领域能力的养成仅简单依赖网络世界会比较辛苦——各种品牌一向拥有强大的时尚影响力和商业覆盖力，各类平台的穿搭攻略也会让人更习惯走捷径。这个时候，对于女性而言，拥有私人化的审美显得尤其珍贵。

如何拥有私人化的审美？

学会一个人逛街。

一般女性都喜欢三五成群，任何日常的活动喜欢安排成群体事件，一起去喝茶，一起去洗手间，一起去购物。我不太一样，对一些需要我思考的事情，我都倾向于一个人完成。

譬如逛街，我没有办法和别人一起逛街买衣服，因为我需要确保我有足够的专注力。在大多数情况下，如果是两个人一起，那我一定是作为时尚参谋，来为另一个人提供眼睛，完成她的购物计划，而不是我的。

买衣服是一件很容易亢奋的事情。你站在橱窗前，眼睛里装满了闪着星星的华丽衣服，心中早已穿上它们从南京西路神游到了苏州河。"买吧买吧，你穿这件好看！"女性之间的吹捧总是来得恰到好处，真诚十足也绝对冲动，因为对方此时此刻通常也沉浸在一种被新衣服围绕的亢奋中。即便朋友的意见足够理智，她们提供的视角一般也会是"她喜欢的衣服"，所以时间一长，你的衣橱里大概率会挂满一类神奇的单品，叫"她们的衣服"。如果不幸遇到换季打折，秉持着一颗"捡便宜"的主妇心，你们集体沦陷的可能性就更大了。

大学毕业后我就喜欢一个人逛街购物，那会儿独自购物是害怕被人看见自己糟糕的品位。而十多年后的现在，我的风格越来越稳定，挑选衣物越来越有自己的标准。我会把逛街作为一个特别有实验性的事情去对待，充满探索感和仪式感。

探索感在于，我会刻意去关注一些在我目前风格之外的单品，感受它们和我组合之后发生什么有趣的关联——我是不是看上去更有个性了？我是不是可以驾驭这样的图案？我这样看起来是不是还挺有艺术气息的？

每个人的身体、境遇、职业、环境都是动态变化的，所以一定要给自己的风格留下调整和改变的余地。

仪式感在于，我把衣橱看作我生活的最大支持者，对于每一个可能进入这个地方的"新人"，我都会像面试官一样，去审视和评估它是不是可以"入职"。

基本资质：它是否拥有出色的版型和优良的材质？

核心优势：它是否拥有其他单品不具备的功能性？而不是同质化的补充？

团队协作能力：它是否可以和衣橱里其他单品较好地组合，而不是一枝独秀似的存在？

......

当具备这样的理性眼光后，你会发现自己在慢慢打造一个非常有影响力的形象生活——因为你不再因为某些单一的标准妥协或冲动购物，而是充满智慧和乐趣地设计你的人生。这些被你层层筛选带回家的衣物，可以在任何你需要支持的时候，为你提供极大的热情和能量，让你有能力和自信应对任何场合。

摆脱他人的期待。

很多朋友经常会问我，她们需要怎样穿才能符合先生的期待？

每次我的回答都是一样的："你只有足够尊重自己，尊重自己的个性和品位，建立独立的审美属性，才能产生真实的、有质感的、长久的吸引力。"

这是实话，对自我意志进行阉割的人，在感情里通常难以自在。在两性生活中，乃至整个社会的各种关系里，不被单一的标准同化，我感觉是很多人比较难做到的，毕竟从众是最容易的事情。

不是所有女人都要活得优雅高贵——可以安静，可以热闹，可以谦逊，可以性感，可以有趣，可以高调。形象走到最高级别，一定不再是表象的技巧，而是一种工具，可以更直接地展现你的内在东西，譬如通过服装展露出来你的智慧、性情和坚强，以及创意，极具表达性。

所以这里会产生一个比较有趣的哲学问题：我是谁?

我经常会在讲课的时候分享自己的一个观点：形象是探索女性自我最好的途径。对此，其他的学科可能不服，因为大概率人们更愿意把外在的和内在的东西二元对立起来。

实际上，借由服装载体不断调整的形象背后，是给女性提供了一面足够清晰的镜子，让她们看到自己目前的状态和内心所想到达的角色之间的差距——"我可以看上去精神更棒""我可以看上去更加有趣""我可以看上去更加有力量""我可以看上去更加性感""我可以看上去更加专业""我可以看上去更加有深度"……每一个显性的形象背后都有一个隐性的品质，女性可以不断地调试个人的着装状态来实现自己期待的品格。

尽全力拥有更宽广的视野。

视野是一个非常神奇的能力诱因，它可以帮助你积累多元的生命样本和生活相貌。结交不同色彩、不同面貌的人，绝对是你要努力的方向之一。

大学时期的我年轻、心高气傲，因此认识了一堆奇奇怪怪的朋友。最奇特的事情是，我的世界观和人生观每天都在发生改变，因为有足够多元的角度不断撞击我原本的认知——有人砸锅卖铁就为了攒某个时代歌手的黑胶唱片；有人白天是刻板正经的财务分析师，夜里组织地下乐队聒噪癫狂；开摇滚酒吧的老板竟然唱得一出好昆曲；年纪轻轻的清华高才生给自己设计葬礼服装，等等。

对女性来说，在视野扩大中不断完善自我人格，才能构建足够的安全感，别人的面包是别人的，跟你没关系。

与此同时，视野的扩大会让女性的审美更加有弹性、有空间，也更加有创造力和质感。你会知道什么是单薄的，什么是有层次的，什么是肤浅的，什么是丰富的。见过饱和度高的人生，也体验过饱和度低的生活，我们会更加有选择的余地和智慧吧！

3

女为同性者容

某天，我在社交账号上发了一位女性朋友的照片。

白色廓形衬衫，搭配一条清爽的白色直筒裤，衬衫领下系了一条简单图案的褚红色丝巾，黑色乐福鞋里是一双复古的铁锈红长筒袜，耳上也是饶有情致地佩戴了一对暗红色的圆形耳钉。全身造型以红色的重复配色为主线，整个人在黑白红的经典组合中容光焕发，特别好看。

结果有位男士在下面评论："袜色太鲜艳，喧宾夺主。"

我含蓄地回过去："看来男性审美和女性审美确实不太一样。"

对方带着十足的优越感回复道:"女人打扮那么漂亮为谁呢?"

铁锈红是原始的红色加入有层次的黑灰色调制出来的一种暗色,本身的气韵是克制收敛的。它经常和北欧风的家具同框,来塑造一种精致沉静的美感。尤其是和木质元素结合的时候,复古的腔调好像可以随时溢出。

"Women do makeup for other women, not men." 超模辛迪·克劳馥这样说过。大概意思就是,女人为女人而装扮,并非为了男人。

男人通常在美感这一块颇为迟钝,好比你一周换了七种不同的唇色,他也木讷地认为你的化妆箱里只摆着一支口红。你穿上和他脚下并无二致的牛津鞋,展现一种智力和精神上的独立时,他挑剔你不够风情。甚至有许多男人,直到现在还老套地认为女人的袜子只能是肤色的或者黑色的。至于彩色的袜子,在他们眼里都是噩梦。

审美这件事情,对于许多人尤其是女人,都是一个天然的交友罗盘。它可以让我们极快地找到志同道合的灵魂。

女为同性者容。这些同性者，特指那些和我们同在一个审美语境里的女性。

不是所有的女人都能懂彼此。女人是通过审美来划定同类的。曾经有一个好玩的说法是，对于一个女人来说，你在她心里的地位取决于她去见你之前会不会洗头。

从洗澡、化妆、做头发，到选衣服、照镜子、喷香水……你以为她是去参加鸡尾酒派对，或是面见某位重要客户，其实她只是和闺蜜约了个下午茶而已。

真正因审美共鸣而交好的女人，不会如塑料姐妹花般明争暗斗。她们会支持彼此，甚至不惜余力地为对方的美丽出谋划策、添砖加瓦，她们可以完完全全站在欣赏而非嫉妒的角度，注视着这个小团体里的任何一个人在聚光灯下散发自己的魅力。这样的圈子通常无比健康，因为大家背靠共同的格调和生活方式，捍卫彼此，就是在捍卫和强化自己的精神世界。而投契的审美又经常让大家做出相同的选择，数次莞尔中，她们的友谊不断获得加持和升华。

实际上，我们常借由审美来塑造自己的圈子。这是一种不自觉的心理筛选。第一次见面的两个女人，在咖啡馆坐下来——

    "她这个包不是很搭她今天这套造型。"出局；

    "她今天这件衬衫，设计得很有意思。"晋级。

    "她这支签字笔是便利店买的吧，太幼稚了。"出局；

    "她递给我的纸巾有欧珑的气味！"晋级。

    "她裙子上的logo好显眼，浮夸得很。"出局；

    "她竟然也逛二手衫市场，好有腔调。"晋级。

    "她为什么会喜欢这样过时的音乐，不理解。"出局；

    "我们原来都是'枪炮和玫瑰'的粉丝！"晋级。

    "她身上的香水味道太劣质了，有影响到我。"出局；

    "我好像在她身上闻到了雪松的气味，真不错！"晋级。

    ……

这就是属于女人的交友程序。是不是很熟悉?

同是靠写东西赚钱、贩卖时尚观点的两位香港女性：黎坚惠和章小蕙，本是南辕北辙的两个人却在2004年的一次访问中，了解到大家都有一墙的书、受亦舒小说的洗礼、对星座感兴趣……认同了彼此的喜好和审美后，就成为惺惺相惜的老友。甚至好些年后，章小蕙从美国回港拍广告，都是找的黎坚惠做的造型。

马龙·詹姆斯在《七杀简史》中写道："人也许不认识人，但灵魂认识灵魂。"或许可以改一下，"人也许不认识人，但女人的灵魂认识女人的灵魂。"

由审美链接在一起的女性，很容易共事。因为品位一致，便少了很多冲突和内耗。身边常有三两女友，因为共同的趣味，一起经营一家咖啡馆或古着店，又或者一个服装工作室。而这些风姿各异的店铺，往往都会期待并吸引着来自同好者的欣赏，然后又发展出一段段美好的缘分：引来新的资源、合作机会甚至不错的友情。

看看，不依附他人，独立的审美是多么重要啊！只有自己的腔调不倒，才能聚集更多美好的朋友与机缘。

女士们，从今天起，请把定义自己的话语权，牢牢地抓在自己手里吧。记得，你永远可以为一份美好的爱情而装扮，而不是为某一个男人。男人的心情会变，而自我的风格价值万千。

4

破除性别和尺码的怪圈

　　身高162厘米，体重48公斤，这是我常年的身体数据。我也因此常年购买S码的衣服。

　　这些年，这个数字曾经上下浮动过很多次。但是每次走进服装店的我，只会拿起一堆S码的衣服走进试衣间，然后又拿着几件S码的衣服离开服装店。无论这些衣服上身是宽松了还是紧绷了，我都会无比执着地去换款式，而不是在这个款式上去调尺码。

　　我的心里一直有个固执无比的声音在回荡："你就是穿S码的。"

直到有一天，我到我经常去的一家服装店，看见一件我喜欢的外套，瞭了一眼见有S码，就顺手从悬挂区拿下来一件套在自己身上，上身效果非常棒，于是买单也买得非常爽快。过了几个月，我整理衣橱的时候，把这件"心头好"拿出来熨烫，当我展开衣领的时候，赫然发现尺码处写的是M。第一时间我怀疑自己是不是长胖了，核实后否认了这个推理，最终结论是，这个款式，我就是穿M码更好看。

从那以后，我彻底从尺码的固定怪圈中解放出来，在一些单品的尝试上，我会向上横跨一两个码去尝试，来看看是不是会更潇洒。

在成为形象顾问的头几年，女士形象是我研究的核心领域，除此之外，男士形象也是我的职业内重点关注的范畴。要提升对男装的感觉与体验，就需要实打实地去接触和实践，积累着装眼光。那个时候，我先生就是我最好的模特——我需要看他穿着不同的男装单品，通过面料、色彩、款式的对比，来复盘服装与人的匹配关系。但他也不是时时刻刻都有"陪练"的时间，于是很多次，我独自一人去男装区，开始审视不同的单品，感兴趣的就直接穿在自己身上。次数多了，我突然发现，原来人少的男装区真的有很多宝贝，女生穿也很好看啊！终于有一天，我买了人生中的第一件男装单品，那是一件非常好看的姜黄色夹克。

从此，我的个人服装物色领域从女装区扩充到了全店。

在这个过程中，我更有机会发现风格单品。开阔视野真的是一件非常有趣的事情。

譬如马甲，原本作为男士树立绅士形象的存在，直到1970年代，在爱情喜剧电影《安妮·霍尔》中，戴安·基顿身着白衬衫外搭马甲，这个造型在那个年代真的是独树一帜地惊艳。除此之外，卡其色长裤、领带、男士帽子，干净利落的装扮从此掀起了一场中性风的潮流——人们发现，身着西装马甲的女性不再只有柔弱的一面，而是在保留自我个性之上，拥有更多的独立、果敢和力量。于是雌雄同体的审美开启了新的纪元。

所以，没有绝对的尺码，也没有绝对的性别。不要死守那些古板的规则和数字，它们极大地限制了你的想象，限制了你的着装体验。

你唯一要记住的，是你"穿对了"的时候的感觉。

5

做有"三分反叛精神"的女性

你曾经有过法国梦吗？想成为塞纳河畔，花神咖啡馆里巴黎女人那样时髦又自在的存在吗？

很多爱美的女生都在乐此不疲地复刻法式穿搭。实际上，我们效仿的碎花衬衫、复古高腰牛仔裤、茶歇裙只是巴黎美人的表面，而她们轻松又笃定的生活方式，自信和坚定地成为自己的态度才是法式精神的内核。

我身边有很多优秀的女孩，但我很难在某一个人身上看到真正的惬意和放松。东亚女性的容貌焦虑好像一直都很突出。女孩们总是想要更完美，所以她们紧张、焦虑、患得患失。很多时候，我们并不是不美，而是太过于紧张自己到底美不美。很多漂亮体面的女孩，内心脆弱得像初冬湖面上的薄冰——担心自己不完美，担心恋人不喜欢。她们都深度羡慕那些神态自若的巴黎女人，想从她们身上寻找到"变得完美迷人"的独家秘籍。但巴黎女人取胜的关键，不是护肤秘方也不是着装技巧，而是随性，是漫不经心，是从不担心自己的缺陷而产生的力量感。

你我需要的可能不是穿衣法则，而是一种生活方式和精神力量的滋养。服装造型顶多让你的时尚感达到70分，如果要追求100分，你的"自我"要撑起那30分。

一分反叛：我们热爱美，但我们不需要年轻。

女性年龄焦虑的本质其实也多是容貌焦虑。日渐生长的皱纹、变白稀疏的头发，以及不再紧实的肌肉线条，都会催生无穷无尽的悲伤。但生命如花，有盛开自然也有荼蘼，每一个阶段都是真实必经的。如果把自己困在年轻的执念里，会生生耗去大量的心力，忽视真正应该体验的美好。青春永驻不过是一个妄念，因为历史上的每一个人终将衰老。实际上，美是一种可感知的状态，和年龄容貌没有必然关系。要知道，很多巴黎女人的容貌并不出众，甚至头发花白，但依然会每天坚持舒适自然、充满审美格调的装扮，神采奕奕。

二分反叛：我们不追求完美，而追求独立的意志。

在形象生活的课题里，女人们总是热衷扬长避短。扬长避短并没有问题，但如果总是掉在自己的短板里爬不出来，那才是真的有问题。有个性的人往往有明显的缺点，而缺点背后会隐藏特别的素质。追求风格，就是反对全面，反对完美。

我大声地告诉你：全面即是平庸，完美就是诅咒。

喜欢往人群里挤的女人往往都没有自己的风格，通常也没有自己的个性，过度合群往往就是失去自我的开始。对于天生喜欢群体行动的女生来说，落单是一件很恐怖的事情，但实际上，和自己相处的时候，才真正是最完美的时刻——一个人的时候，你做什么都不用兼容别人，听什么音乐，看什么电影，走哪条路，你能完完全全地了解自己的思想和喜好，并能自由地按照自己的意志、节奏去生活，去成长。在这个过程中，你才有可能收获那枚独一无二的"风格勋章"。

《午夜巴黎》是一个最好的隐喻。每个人的人生中都应该存在像吉尔一样的"孤独旅行"，去独自追寻、探求内心的向往，并享受由此带来的所有营养和感动。

我们此生要做的，就是主动让孤独成为自己的主场。

三分反叛：敢于以"自己的标准"生活。

这个年代，乍一看是一个崇尚个性的年代，实际上大部分人都在过一模一样的生活。什么时候毕业，什么时候结婚，什么时候生子，人们都在被动地接受同一个程序的命运，鲜少人敢于跳出来创造自己的生活。好像跟着大部分人走才是最安全的，如果和大家走的路不一样，我们就会有危险。

然而，人生只有一次，打安全牌可不是什么好选择。毕竟长寿无虞不是最重要的，生命的体验和质量才是最珍贵的，不是吗？

我常推荐想积累审美眼光的女性去看城市街拍。这是一个非常棒的途径，对比明星的照片，街拍当事人大多是素人，更真实，更有可观察性。

在我眼里，国内的街拍可以分为两种，"上海街拍"和"其他城市的街拍"，我也多次在上课的时候让大家优先关注上海街拍，而忽视其他。上海街拍通常捕捉的是一帧又一帧街头易逝的路人。他们都是真实生活在这个城市里，有着自己独特时区的人——可能是在安福路边咖啡馆看报纸的金融才俊，可能是桃江路口踩着自行车路过的胖大叔，也可能是幸福里抱着猫咪从宠物店回家的眼镜妹。他们的着装只是他们生活方式的一部分，融合度极高的一部分。

很多人都不是那种人，他们只是装扮成了那种人。——为了显得格调不一般，他们去穿一些有态度的设计师品牌，模仿一些既定套路的穿搭；为了显得有入流的品位，他们专门跟风买了同款的名牌包袋；为了拍几张照片发朋友圈，他们去看一些自己并不感兴趣的展览……这些人触碰的只是时尚的面貌，而不是真正的时尚。真正时尚的人拥有真正的风格——穿着者的风采不被着装掩盖，更不会把他变成另一个人。

真正时尚的人是可以慢下来，去读那些能在思想上烙下印记的书、听自己喜欢的唱片、在自己喜欢的展览前静静感受美的快感、有着自己独立甚至犀利思想的那些人。这些人定力极佳，他们清楚地知道自己要过什么样的生活，要追逐什么样的喜爱，所以真正的时尚注定只属于小部分的人。

如何摆脱仅仅停留在表面上的时尚？

答案有两个方向。

如果你是一个服装爱好者，那很好办，只要在服装文化这个领域有意识地学习和下沉就可以。法国时尚学院（IFM）认为：懂得穿着的内涵是时尚最重要的。

进入时尚的内核，你会有机会了解到各个设计师的历史和创意，当你在和一群穿搭玩家一起聊 Raf Simons，聊身体里住着朋克灵魂的 Jean-Paul Gaultier，聊森英惠、山本耀司20世纪在巴黎掀起的日本浪潮时，你是有很大机会获得某种自由的——这种认知上的自由会极大地改变你的人生。

你会知道服装的世界极其辽阔。你会知道服装和建筑、绘画等艺术领域有着不可分割的联系；你会知道女性地位的提升一直在通过服装的演变而得到辅证；你会知道许多设计师倾尽一生热情通过作品来革新时代；你会知道经济文化对时尚有着不可抗拒的推动与影响——因此你对平价服装的偏见和对名牌服装的滤镜，都将慢慢消失，你将慢慢地在学习沉淀中找到自己，不会再随便陷入那些网络流行的时尚陷阱而左右迷茫，你会开启一个无比宁静而有力量的自己。

如果你是一个普通女性，饱览服装史并从中汲取所用，这样的门槛实在太高。要摆脱潮流趣味，成为一个有态度、有格调的人，我觉得，学习并践行实用主义着装哲学，是一个非常好的开始。

6

合适的风格往往提携不了人格

"一次专业的形象测试，让你找到自己的穿衣风格。"

听上去多吸引人啊！

类似的热点栏目或者文章常年在网络时尚内容里位居榜首，这是时尚主编们写不完的话题，也是所有年龄阶段的女性极其统一的追求。

女人们热衷于寻找适合自己的服装风格，通常有两个出发点。

一个是实在懒怠于研究着装，于是想找个捷径开个"时尚处方"，按方拿药，一劳永逸，仿佛寻得一个固定的方向，被告知什么颜色、什么线条、如何搭配，就可以解决人生穿衣这一大事。

另一个则是更多人的想法。千变万化的美丽虽然可贵，但是"被记住"无疑才是女人们最高的形象目标。拥有风格，就是拥有能被记住的魅力。

但这里存在一个吊诡的事实：匹配当下的你的服装风格，和可以提升你的服装风格通常是两个相反的方向。

譬如冷静理性的人穿冷色，很搭。人冷，色也冷，就很和谐。萨莎·露丝在电影《安娜》里的杀手造型——深蓝色高领羊绒衫，搭配黑色西装外套，独身闯入巴黎酒店，顷刻间杀光所有黑道分子，冷漠又神秘。又或者很多慧黠的女性知识分子，远离喧闹娱乐，更喜沉静自处，于是清冷的青色蓝色常不离身。

冷色除了理性、优雅、冷静、高贵的特质，还自带克制、冷漠、拒人千里之外的消极调性。服装和人之间形成一种奇妙的磁场——在某种色彩的长期浸淫下，人也会吸收色

191

彩的秉性，好的坏的都会吸收。所以，长期穿冷的人，也容易失去链接热情、勇气、社交的机会。偶尔适当地在着装中加入暖色，是可以很好平衡这种负面影响的。

又譬如保守的人穿着简洁会很搭。平庸的个性往往驾驭不了变化多端的色彩和款式。时尚杂志喜欢做素人改造，普通人变身时尚潮人的噱头，是大众爱看的剧本。前后造型差异越大，被关注度越高，传播越有效率。造型师深谙民众的心意，于是怎么时髦怎么来——潮人造型下的保洁大妈，波普图案搭配蓝橙撞色，胸前还挂一条带字母镌刻的银牌项链。虽然模特本人已经很努力地在镜头面前表现得自信，但那种自信是一眼便可戳破的虚假自信。人的精神气被服饰的气场稳稳压制，无法舒展，表情和姿态即便努力也难掩眼神里的怯懦。人不时尚，没办法真正穿着时尚。

但是如果真的长期固守平庸的搭配，人便也慢慢失去了开放、创新甚至时尚的驱动力。普通人是需要在自身的基础上去适当做一定尺度的时尚增持的。最好的办法是，一点一点在身上做加法，内在和外在同步突破，互相影响。

什么样的人才能拥有风格？或者说可以固守一种着装效果？

深山苦修的高僧，心入痴境的舞者，苦心孤诣的匠人，行走天地的侠客。

稳定的精神内核，成熟的人生理念，独立的生活方式，拥有其一即可。这个逻辑也应用于所有普通人。完成自我塑造的时候，就是拥有风格的时刻。

在内核还没有稳定的情况下，一味寻求"合适的风格"，实际上切断了用服装去调整自己的可能，也否认了生命"动态成长"的事实。

我二十多岁的时候，长时间喜欢穿黑色和藏青色，常年款式单一，不懂搭配。那时候整个人比较内敛，还有轻度的社恐。曾经在一个陌生城市迷路后，硬是咬紧牙关不问路人，自己转了十三条街才找到方向。现在无论讲课还是日常的社交，我已经坦然和自如许多。除了认知和阅历提升的影响，穿衣色彩和风格的拓展也有着非常大的暗示和提携。

别着急用服装定义自己，若还年轻，不如用服装探索自己。

7

永远选择想要的生活

如果一生只选择一种装扮，那么你会穿什么？

这个问题我和女性朋友们探讨过，有人回答是白衬衫，有人回答是牛仔裤，也有人回答是连衣裙。

如果……只……，那么……

这种句式是一个绝妙的心理设计——把你逼到墙角，迫使你把所有外围的资源和可能都丢掉，让你只留下内心最坚守的东西，最后挖掘到你真实的需求和声音。

如果生命只剩一天，那么你会怎么度过？如果只留给你一本书，那么你会选哪一本？如果只给你的伴侣保留一个核心品质，那么你希望是什么？

再回到一开始提到的问题，来感受一下墙角式的心灵拷问。

了解服装和不了解服装的女性，对于这个问题的回答往往会表现出两个不同的逻辑方向。

后者通常考虑的是"我喜欢"。前者考虑的是"我需要"。

"有什么不一样的吗？我喜欢的难道不是我需要的吗？"你可能会问。真的不一定。

拿我自己来说，很长一段时间我喜欢波希米亚风格的服饰，喜欢那些有分量、泛着古旧光泽的配饰，喜欢那些无拘无束随风歌吟的流苏，喜欢那些浓墨重彩的图腾和变化多端的佩斯利花纹，更喜欢那些在天涯流浪着的自由灵魂。

后来又在一段时间里对机车夹克非常着迷，不管是《纵横四海》里的张国荣，还是1994年香港红磡演唱会上的窦唯，又或者是长发时代唱着情歌的齐秦和嘶吼着摇滚说爱的黑豹乐队，他们身上的黑色机车夹克通通焕发着热烈的情感，一种毫不稳定的生动和颠倒——这都让我极其迷恋。

某一天，透过这些深深的喜欢，我终于发现自己心里原来一直住着一个在暗暗追求自由和桀骜的小孩。

原来我之所以那么喜欢吉卜赛女郎和朋克，是因为她呀。可能在很长一段时间里，她一直被比较、被要求，她的选择被限制，她的脚步被束缚，所以她不开心了。

所以，我准备把她照顾好。

很有意思的是，虽然有这个小孩在，但我发现自己实际上是个挺无趣的人，这种无趣倒不是说我活得多单调，而是在于我本身内心能量的局限——在那些青春岁月里认识的各路奇特朋友中，我算最中规中矩的那个人：并不勇敢，并不颠覆，并不歇斯底里，一个人万万走不到天涯。从小到大我接受的一直是克己复礼的教育，内心的传统秩序还是在的，其实我一直挺普通的。

然而，在和服装的交流中，虽然没有与波希米亚和机车夹克有太多纠缠，但我也找到了自己目前感到最舒服也最能保护我内心小孩的单品——西装外套。笔直的线条让我整个人看上去更明朗，肩部的轮廓也使得我的身段更加有力量。

如果一生只选择一种装扮，那么我大概会选择西装吧。没有自由散漫的野，也没有肆无忌惮的狂，它只是恰到好处地照顾到了我的虚弱，让我有更放松的状态去完成我的平凡之路。

茨威格在《昨日的世界》中说："我们人世间的幻想是多么有限，恰恰是那些最重要的感受，只有自己亲身经历过才会明白。"

内在的精神塑造了外在的样貌，只是无法在第一时间马上被察觉。

风格的最终形成决定于你的生活方式和精神内核，一切表象的外形特点都不足以支撑起某一种风格。内心不摇滚的人，穿不了真正的朋克；内心不清朗的人，穿不了简洁的少年风；内心不优雅的人，在因一杯晚到的橙汁而不依不饶训斥服务员的那一刻，身上的软呢斜纹外套就瞬间低俗了。

穿在身上的衣服，是我们如何理解自我和人生的精确体现。服装里是有大量信息的，当我们努力去亲近服装的本质并理解它时，改变就会随之而来；当我们擅长驾驭服装时，我们最好的部分就会凸显。

内在革新，外在也会随之革新。很多学习形象美学的女性越来越感受到这种内心和外表之间的关联。

国外有许多资深的心理咨询师，在和客户一起研究衣橱的时候，识别出了她们的情感、认知、现状和卡点。他们把服装作为工具来观察和疗愈对方。譬如服装的一成不变代表着职业和人际关系的停滞；内外统一才是一个人最完美的样子；外在可以展现内在的个性和想法。

所以想展现最优质的形象，前提是，我们充分选择了自己想要的生活，由此才能自然而然地从内向外精准地展露最好的自己。

每个人的造型都应随时间和阅历的改变而改变。但当我们制订人生计划的时候，记得永远根据的是自己的热情，而不是年龄。

8

美为日课，日日精进

这几年跟随我们一起学习形象美学的女性已经遍布全球312个城市。线上学习的便利性，让不同洲际、不同时区的女性跨越时空聚集，为想要的生活而装扮——我发自内心地感谢这个盛大而神奇的时代。

我认为所有的教育产品都是有阶段性的，无论是科目类的还是兴趣类的，无论是功利性的还是非功利性的，当学员学到自己想要的东西，完成成长后就会离开。但让我很感动的是，很多女性陪伴我和美学花园走了一年，两年，三年，甚至有不少姑娘浪漫地表达：希望终身跟随。这倒不是我做形象教育有多厉害，而是因为她们慢慢意识到，形象成长是终身的，一个人对自己的探索是终身的。

穿衣在日常实在是一件很小的事情，但我们在一年中购置的服装，会记录这一年我们向外界输送的信号；三五年，更会在我们的圈子里形成个人的生活态度和腔调。这样看来，穿衣绝非一件小事：服装对个人塑造的影响是极其直接的，这是生活品质、审美趣味、综合能力等全维度的影响。

每个人对自我的认知都有阶段性和局限性，我们无法在一个相对年轻的人生节点上，非常娴熟和有前瞻性地认识自己、把握自己、预测自己。

我是一个什么样的人？
我想过一种什么样的生活？
生命中什么对我而言是最重要的？
我想表达出什么样的自己？
我期待被什么样的人识别和喜欢？

这些问题，在阅历还在不断快速增长的人生阶段，在个人意识还没有完全形成的时候，我们尚不能精准地给出一个恒定的答案。

就像当年20多岁的我，有很长一段时间沉迷于单一女性化的形象——陷入爱情的女孩啊，总想一味地表现出美丽而忘了自己的个性。30岁之后，我开始逐渐拎清自己的轮廓、观点、态度，着装上越来越简洁和爽快。我相信，在后面的阶段，40岁，50岁，60岁，我一定会有不一样的风貌，因为那么多不同的人和风景将会走过我的生命，如流水改变砂石的相貌般，悄无声息却足够有力地影响着我。

每一年，站在新的时间节点上，重新检视自己，在目前的生活环境下与他人的相处中，你希望如何展现自己呢？我相信现在的你，相较于过去，想法一定会有所不同，也正因为有这样的期待，才能找到符合当下的自己的时尚。

过了三十岁以后，我就经常告诉自己，一定要保持对美的控制。

基因可以决定一些东西，但无非是在皮囊和骨骼上有些许起点上的差异罢了。我说的美，不是常规意义上的社会性审美，不是开个眼角、垫个下巴这样粗暴动作的结果，真正的美更接近于一种感性的综合体验，当你看到一个女人，觉得她身上有一种独一无二的光芒的时候，她就是美的。

这种感受并不玄虚，修炼的程度直接决定你的容貌——我觉得用"修炼"这个词再合适不过了。佛家高僧，通常气度高华，庄严美好，这就是断掉贪嗔痴，长期在与世无争的氛围里浸泡出来的结果。

美为日课，清晨开始。

每天的形象能量，从你起床后越早启动越好。如果下午才出门，偶尔我会在下午2点的时候开始搭配，但在此之前整个人的状态就比较涣散，远没有早上起来第一时间打理好自己来得神清气爽。

建立起你的每日"预着装时刻"。

入睡前30分钟是准备第二天服装的黄金时间。确定你是一个人在房间，no baby，no lover。如果再有点迷人的音乐就更好了，人需要在一种愉悦的情绪下才能产生灵感。

生活中没有真正"随意"的场合。

再忙碌，也不要放弃打扮自己。生命里每一个时刻都是独特的，异常珍贵。去酒会上结交事业伙伴和晚上带着狗去看月亮一样重要。而最珍贵的就是当下，当下的我们需要最棒的能量。

到达一定年龄阶段后，一定不要停滞在某个特定风格上。

女人变老的原因——生活没有新的创意进来，墨守成规，不关注时尚。所以，当我们年龄渐长时，一定要懂得打破固有风格。不是去改变，而是去改进。

每个爱穿衣的女人都会经历三个阶段：风格探索期、风格养成期、风格更新期。而第三个阶段应该陪伴我们一直走完人生。

失去装扮的热情，是灵魂衰老的前兆。保持创作，就是喝下真正的不老泉。自己是最好的作品。

如果你仅仅只想穿得好看，也许一个月就可以达成；如果还希望成为一个有格调的表达者，那么请再以"年"为单位规划自己的美感生长。

没有一劳永逸的风格，只有时时更新的自我。愿你们都懂得，美为日课，日日精进。

21件隽永的衣物清单

1件白衬衫（White Shirt）。

我说的是"经典白衬衫"，它既不是一本正经的工装衬衫，也不是软塌塌没有气力的真丝衬衫。它有着倔强的筋骨感、略宽松的潇洒廓形。可以参考莎朗·斯通在1998年奥斯卡颁奖礼上穿的那件。

1件牛仔外套（Denim Jacket）。

穿上牛仔外套的那一瞬间，《加州梦》就在耳边响起，自由的意志其实从未从我们的身体里离开。

1件条纹针织衫（Striped Top）。

生活里不必时时刻刻着力。一件舒适的条纹衫就像一双温暖熨帖的大手，让紧绷许久的肩膀放松下来。黑白条纹最是经典，蓝白条纹属于夏天，而红白条纹则会选择那些经常发出咯咯笑声的爽朗姑娘。

1件白T恤（White T-shirt）。

选择厚实一点的面料，会让这件单品看上去更有质感。

1条直筒小黑裙（Straight Little Black Dress）。

一条可以让你在白天的陆家嘴和午夜的兰桂坊自由切换的神奇裙子。

1条牛仔裤（Jeans）。

圣·罗兰曾悻悻地表示，他多么希望是他发明了牛仔裤。一百多年过去了，牛仔依旧很忙，看样子还会一直忙下去。

1件黑色西装外套（Black Blazer）。

我们大可以把自己的所有心思和情绪藏在这件外套里，不动声色地观察这个世界。

1件姜黄色针织衫（Yellow Knit Shirt）。

人生总有扼腕唏嘘的时刻，欣欣向荣的色彩就是此时的绝世良药。如果你不爱黄色，把红色穿在身上也很棒。

1件条纹衬衫（Striped Shirt）。

条纹衬衫，总是给人一种既有逻辑又闲适的感觉。我喜欢和穿条纹衬衫的人打交道，他们往往睿智而有条理，情绪上又懂得进退。

1件卡其色风衣（Khaki Trench Coat）。

千万别选太短的款式，不然行走在风雨中尽显局促，生生没了矜贵的气度。

1件牛仔衬衫（Denim Shirt）。

出门的时候，如果把普通衬衫换成牛仔衬衫，会给人一种很会穿衣的感觉。

1条灰色窄管裤（Grey Pencil Pants）。

比起黑色裤子的正式和沉闷，灰色带来的松弛感对各个场合的造型都更友好。

1件粗花呢外套（Tweed Jacket）。

香奈儿借粗花呢外套，给全世界的女人示范了一条着装哲学：不必太性感，当然也不必太强硬。

1条铅笔裙（Pencil Skirt）。

可以和你衣橱里的所有上装进行无缝匹配。不仅如此，它还绝对是一条"自律"裙装，容易暴露小腹的款式时时提醒穿着者，keep fit！

1件动物纹上衣（Animal Print Top）。

除了温柔，女人还应有另一面：如丛林野兽一样不受束缚和羁绊，还有，不好惹。

1件羊毛大衣（Wool Coat）。

上海的冬天，鲜少看到当地人穿羽绒服。女人寻求暖意的盔甲往往是一件面料和做工皆上乘的羊毛大衣。

1件丝质上衣（Silk Blouse）。

每个阶段的女性都要学会疼爱自己，像打理真丝单品那样细致和重视。

1条阔腿裤（Wide-Leg Trousers）。

每次穿上阔腿裤，迈着毫不矜持的大步走在城市的街道上，阳光打在脸颊上时，我瞬间就有了一种好莱坞剧情片女主附身的感觉。

1件男士马甲（Waistcoat）。

我发现，越成熟的女性，越有机会爱上有男性特质的单品。褪掉了年轻时的恋爱脑，不再巴巴地寻求别人的庇护，而努力把力量都长自己身上。

1件波普T恤（Pop T-shirt）。

把符合自己态度的波普图案穿在身上参加朋友聚会，会让你看上去很有主见。

1颗永远爱自己的心（Self-Love）。

唯有自爱，当最隽永。

提升审美的**7**个秘籍

为什么要努力提升自己的审美？很多人问过我。

原因很简单，当你的美感越来越好的时候，你会更加容易感知生活中的美，并从中吸取养分，也更有标准去选择、搭建属于自己的生活。

你会为那些不经意的山水动容，为那些美轮美奂的艺术品感慨，为那些自然的和人类的造物而欢欣。这种能力会让你的生命之书比平常人要厚出许多，因为你能感受到更多的充实与愉悦。而这种能力又将全方位作用你的生活——你的衣着，你的饮食，你的家居环境，你的旅行……从而影响你整个人生的质感。

至此，你会最大限度地感受到——在这个世界上，生而为人的巨大欣喜。

提升审美有哪些方法？

秘籍1，多参加艺术展览，多去博物馆，还包括主题舞会、音乐派对、绘画鉴赏等各种形态的艺术聚会。

2014年我在上海进修的时候，每天学习时间拉得很满，尽管如此，我依旧抽时间去看了很多展。浸泡在艺术的氛围里，不需要你懂多少专业理论，打开的感官细细去感受就好了。

秘籍2，多去阅读顶尖的时尚杂志、家居刊物、艺术原版书、摄影作品集。

《VOGUE》《费加罗夫人》等，都可以成为你阳台或者飘窗上的常驻客，迎着月亮翻读，是一件顶美好的事情。最近我在看Joel Meyerowits的街头摄影作品，从纽约便利店外的绿裙少女，到马拉加餐厅里打扑克的老绅士们，异域的人文光影真的拨动心弦哪。

秘籍3，观看一些具有美学价值的电影。

很多电影都有非常棒的配色和服饰设计，还有恰到好处的迷人配乐。在上课的时候，我就给女性学员们推荐了法国导演Eric Rohmer，他作品里的诗意和文学性是很多电影里没有的。大概没有比他更懂女性的导演了吧。

秘籍4，制订自己的美学旅行计划。

注意，是旅行，不是旅游。不是换个城市消遣，浮躁贪婪地游玩，而是像一个本地人一样，几乎没有痕迹地融入当地的生活轨迹，日升日落，去观察这个地方的风土人情，去体验这个地方的文化质感，去感受那不一样的生命观。

秘籍5，开始着手改变自己的日常形象。

大师的展览不是天天都有，浪漫的旅行也无法日日成行。对于女性来说，每天要做的、无法回避的日课就是着装。形象美学里的色彩、风格是我们每天都可以沉浸式感受到的东西，也是最好的审美练习场。

秘籍6，培养一些能加持美感的爱好，去拥有更多创造美的体验。

譬如绘画、书法、插花、制陶，譬如制作精致的料理或学习乐器，这些都会让你从一个被动的"美的欣赏者"变为一个主动的"美的创造者"。

秘籍7，结交一些好品味的朋友。

这些人多是形象顾问、软装设计师、摄影师、漫画师这类近水楼台的美学领域工作者，另外也包括一些生活很有腔调的普通人，他们通常有着比较独特的生活方式，在服装、音乐、器物、交友上有自己的清晰标准。他们的世界是值得你去参观和游历的。

祝每一位读者尽早获得这把通向灿烂人生的钥匙。

选对衣服的**6**个真相

今天你准备去逛街，想买一件好衣服。

来，跟我一起走进一家服装店——

等等，进去之前你要先确认好几件事情。

首先，这天你的情绪是饱满高昂的。买衣服是一个需要在愉悦的心境下进行的行为艺术，苦闷忧伤的情绪无法让你有真正的收获。

其次，你绕开了促销和换季时间。打折会让这个世界上的任何一个女人头脑发昏，请确保你一定会为真实的穿衣需求而不是折扣买单。

最后，务必挑商场人流量小的时段。只有在足够清闲的服装店，才有心情慢下来去精挑细选。

好了，这位女士，跟我进去吧。

真相1，通常挂在那里不起眼的普通衣服，上身很可能就是一件优秀的设计。

衣服和人一样，浮华的通常经不起推敲。很多没入你眼的路人服装，通常具备经典款的基因。

真相2，这件衣服上身还是不起眼，可能是你还不懂得怎样好好地穿它。

"原来是这么穿啊！"一件白衬衫打开两粒扣子，袖口挽起来露出手腕，下摆塞到裤子里，再稍微抽出一点余量，风度就会完全不一样。"怎么穿"比"穿什么"更加重要。

真相 3，即便穿对了，却还差点意思，也许是你没给它找到合适的搭档。

一件宽松不羁的卫衣，搭配松松垮垮没有形状的宽裤，只有超模才能穿出它的调调。普通人还是老老实实选择线条利落的裤型吧。

真相 4，如果有了好的组合单品，还是觉得不够棒，可能你还缺了细节。

在黑色针织衫上挂一串泛着香槟光泽的珍珠项链，朴素的姑娘立刻有了风格。

真相 5，如果细节都做到位了，穿衣镜里的你还是不够迷人，只剩最后一个原因：你今天一定没涂口红。

要知道，诺玛·简·莫太森涂了口红后才成为了玛丽莲·梦露。

真相 6，如果上面的逻辑你之前都不明白，那么很遗憾，目前为止，你的人生中已经和不少经典单品擦肩而过。

我们还可以按照这个逻辑做一个反向推演——通常挂在那里非常好看的衣服，很可能穿在身上不好看；这件衣服即便穿在别人身上好看，穿在你身上很可能不好看；即便穿在你身上好看，大概率因为你今天化了一个不错的妆；即便没化妆穿着也好看，买回家很可能因为它格外华丽而有个性，你没办法为它找到更多的衣橱伴侣，所以没过多久，它就安静地躺在了你的衣橱里，成了旧爱。

这就是今天的时尚绕口令，周末逛街时，记得反复念叨念叨。锻炼自己的眼光真的是一件特别有趣的事情。于我，于你，都一样。

结 语

Conclusion

形象管理是女性探索自己最好的途径

想象一下——

如果你曾经的恋人或现在的偶像出现在你面前，你理想中自己的形象和此刻的你，差距大吗？

又或者——

你站在全身镜面前好好端详如今的自己，是否活出了你想要的样子？

形象力评估是非常靠谱的人生评估，用形象状态去检验我们的生活质量和能量高低，准得吓人。混乱困顿时期，穿衣也是繁芜杂乱的；人生得意之时，着装也是春风拂面的。

生活的质量决定了我们每个阶段的形象质量，而通过提升形象质量，可以反作用生活质量的提升。着装越是清晰，人生也随之越清晰有力。

没有人生来便知道自己的风格是什么。迷茫的本质，是不了解自己。我在探寻自己风格的路上，也曾经历过非常长的一段黑暗时间。

我在大学的时候完全乱买，一直没有建立自己的审美系统，都是看别的女生穿什么好看就照着样买。那个时候，学院里有一个会跳芭蕾的长头发女孩，总是穿着好看的古典裙装，真是系里的一道风景。我也偷偷一路模仿，跟着买了很多纤细梦幻的裙子，结果穿起来笨拙而普通。后来进入形象行业，我才开始慢慢探索自己的风格。我凡事不喜啰唆，讨厌累赘冗余，因此在服装上青睐偏简洁的设计。设计简洁便是属于我的着装风格的标准之一。如果你暂时找不到自己的风格方向，也不用纠结马上要一个结果。世界上很多事情靠冥思苦想，很难有结果，找寻风格也是一样。只要你有意识地去拓展眼界，并积极尝试，随着阅历和体验的积累，答案自然就浮上水面。

更重要的是，通过管理形象，我们把更多注意力和力量拉回到自己身上，建立了更多的自我关注和觉察。这个过程甚至比找到风格更为珍贵——你开始真正地去了解自己是一个什么样的人，喜欢什么样的东西，想过什么样的生活。你开始敲打内心那个没有重心一直飘在空中的小孩。

除此之外，在形象实践中，我们可以借由服装发展出新的品格。当一个保守内敛的女生，开始慢慢适应机车夹克和黑色马丁靴的时候，她的身体里就开始生长出果决和勇敢；当一个中规中矩半辈子的女士，爱上波希米亚长裙和漂亮的流苏耳环后，她就卸下了干瘪的主妇角色，踏上了一个人去旷野的浪漫旅行……

当一个女性的形象质量越来越高的时候，她一定会解锁一个更高版本的自己。随之而必然发生的是，她对未来的生活有了更多的期待，她对这个世界有了更大的热情和好奇，她觉得她应该拥有一个更棒的人生剧情。

形象管理是女性探索自己最好的途径，由表及里，没有之一。而在这趟美妙的旅行中，每个女性的节奏和结果都不一样。

我一直认为，花园，是最符合女性生命景观的象征。

那里植物众多且形态各异。野百合、黑醋栗、豆蔻、玫瑰……只要我们愿意，我们可以长成任何一株植物的样子。花开时期又有各不同，好像不同的女性在不同时刻迸发美好的生命力。花园四时皆不同，随着人生际遇的推进，每个人都会呈现不同时期的质感和风貌。

每个女性，会生枝展叶、开花繁荣、荼蘼荒芜，这是生命的秩序。

在整个人生进程中，我们关注外在姿态的美丽，这是生命的体面，由此唤醒对自我的爱与关注、对新世界的热情与期待，更是最珍贵的馈赠。

塑胶花的美丽持久但并无价值。如果可以，记得在形象探索的过程中，不断发觉、养育自己的内在生命。

图书在版编目（CIP）数据

装扮，为你想要的生活 / 恩荻著 . —北京：电子工业出版社，2024.6

ISBN 978-7-121-47862-8

Ⅰ . ①装… Ⅱ . ①恩… Ⅲ . ①女性－服饰美学 Ⅳ . ① TS973.4

中国国家版本馆 CIP 数据核字（2024）第 097466 号

责任编辑：于 兰
印　　刷：北京天宇星印刷厂
装　　订：北京天宇星印刷厂
出版发行：电子工业出版社
　　　　　北京市海淀区万寿路 173 信箱　邮编：100036
开　　本：880×1230　1/32　印张：7　字数：166 千字　彩插：8
版　　次：2024 年 6 月第 1 版
印　　次：2024 年 6 月第 2 次印刷
定　　价：65.00 元

凡所购买电子工业出版社图书有缺损问题，请向购买书店调换。若书店售缺，请与本社发行部联系，联系及邮购电话：（010）88254888，88258888。

质量投诉请发邮件至 zlts@phei.com.cn，盗版侵权举报请发邮件至 dbqq@phei.com.cn。

本书咨询联系方式：QQ1069038421，yul@phei.com.cn。